高职高专“十三五”规划教材

风电机组现场安装与调试

主　编　叶云洋　陈文明
副主编　王德赞　张龙慧　石　琼
参　编　王　艳　向　晖　罗小丽　李治琴
　　　　邓　鹏　刘万太　刘宗瑶
主　审　胡俊达

机械工业出版社

本书以 2MW 直驱永磁风力发电机组为研究对象，兼顾介绍了 2MW 双馈风力发电机组现场安装的不同之处。本书按照风力发电机组现场安装与调试的工作内容分为三个项目：风力发电机组的现场安装准备、风力发电机组的现场安装和风力发电机组的现场电气安装与调试。各部分内容按照“岗位能力导向、工作任务驱动、学习实践交替”的原则组织，做到源于生产实践、基于工作任务、落到具体可操作，注重风电类专业学生实践能力的培养，使学生在学中做和做中学，提高学生学习理论知识和实践技能的兴趣，学习的过程中始终贯穿职业岗位的素质培养。

本书主要作为高职高专院校新能源类专业的教材，也可作为风电企业技术员工的培训教材，还可供从事风电相关领域技术工作的工程技术人员参考使用。

为方便教学，本书配有电子课件，模拟试卷及答案等，凡选用本书作为教材的学校，均可来电索取。咨询电话：010-88379375；电子邮箱：cmpgaozhi@ sina.com。

图书在版编目（CIP）数据

风电机组现场安装与调试/叶云洋，陈文明主编. —北京：机械工业出版社，2019.2

高职高专“十三五”规划教材

ISBN 978-7-111-61829-4

Ⅰ.①风… Ⅱ.①叶… ②陈… Ⅲ.①风力发电机-发电机组-安装-高等职业教育-教材②风力发电机-发电机组-调整试验-高等职业教育-教材 Ⅳ.①TM315

中国版本图书馆 CIP 数据核字（2019）第 010226 号

机械工业出版社（北京市百万庄大街 22 号　邮政编码 100037）
策划编辑：王宗锋　责任编辑：王宗锋　陈文龙
责任校对：张　薇　封面设计：陈　沛
责任印制：常天培
北京九州迅驰传媒文化有限公司印刷
2019 年 7 月第 1 版第 1 次印刷
184mm×260mm · 9.5 印张 · 232 千字
标准书号：ISBN 978-7-111-61829-4
定价：29.80 元

电话服务
客服电话：010-88361066
010-88379833
010-68326294

网络服务
机 工 官 网：www.cmpbook.com
机 工 官 博：weibo.com/cmp1952
金 书 网：www.golden-book.com
机工教育服务网：www.cmpedu.com

教材编写委员会

前言

随着风电产业的快速发展，近年来我国风力发电量实现了较快增长。我国风电累计装机容量从2007年的589万kW增加到2017年1.64亿kW，年均增长率达到39.47%；在发电量方面，风力发电量从2007年的56亿kW·h发展到2017年3057亿kW·h，年均增长率达到49.18%。在发电量方面，2016年全国风电发电量为2410亿kW·h，占全部发电量的4.1%。2017年全国风电发电量为3057亿kW·h，占全部发电量的4.8%，2018年全国风电发电量为3660亿kW·h，占全国总发电量的5.2%。发电量逐年增加，市场份额不断提升，风电已成为继煤电、水电之后我国第三大电源。

由此可见，我国风力发电产业的发展前景十分乐观，风电人才需求非常紧迫且潜力巨大。但是，由于专业性限制，目前我国风电企业对风电人才的综合素质能力要求较高，本书就是为开设风电专业的高等职业学校及中等职业学校的在校学生学习风电工程实际而编写的，帮助学生提升专业综合技能和职业素养，从而为风电产业的转型升级提供人才支撑。

本书由叶云洋和陈文明任主编，王德赞（沈阳华纳科技公司）、张龙慧和石琼任副主编，王艳、向晖、罗小丽、李治琴、邓鹏、刘万太和刘宗瑶老师参与了本书的编写工作，胡俊达任主审。另外，湘电风能有限公司的王户省、何智洋等工程师为本书的编写提供了大量有关资料并给予了大力支持，使本书能够顺利完成，在此对他们表示衷心的感谢。

由于编者知识有限，书中难免有不当和错误之处，欢迎读者批评指正。

编　者

2019年1月

目　录

前　言
项目一　风力发电机组的现场安装准备 …… 1
项目描述 …… 1
项目目标 …… 1
项目任务 …… 1
任务一　风力发电机组的整体结构认知 …… 1
任务二　风力发电机组现场安装的安全准备 …… 4
任务三　风力发电机组的卸载与存放 …… 10
项目实训 …… 19
项目拓展　双馈风力发电机组现场安装准备 …… 23
项目总结 …… 31
项目二　风力发电机组的现场安装 …… 32
项目描述 …… 32
项目目标 …… 32
项目任务 …… 32
任务一　风力发电机组塔架的吊装 …… 32
任务二　机舱的组装与吊装 …… 42
任务三　发电机的吊装 …… 48
任务四　叶轮的组装与吊装 …… 55
项目实训 …… 68
项目拓展　双馈风力发电机组的现场安装 …… 76
项目总结 …… 84
项目三　风力发电机组现场的电气安装与调试 …… 85
项目描述 …… 85
项目目标 …… 85
项目任务 …… 85
任务一　风力发电机组现场电气接线工艺要求 …… 85
任务二　风力发电机组现场电气装配 …… 89
任务三　风力发电机组的现场调试及试运行 …… 105
任务四　直驱风力发电机组的质量检验与验收 …… 109
项目实训 …… 117
项目拓展　双馈风力发电机组的现场电气安装 …… 127
项目总结 …… 139
附录 …… 140
附录 A　风力发电机组高强度螺栓组施工规范 …… 140
附录 B　某公司 2MW 直驱风力发电机组安装工具清单 …… 142
参考文献 …… 146

目 录

项目一　风力发电机组的现场安装准备

项目描述

风力发电机组的现场安装是一项系统工程，在装配之前，有很多工作需要完成，主要包括施工地点及环境的考察、施工图和设备资料的审查和学习、施工方案的制定、风力发电机组的选型、风力发电机组部件的运输及常用工具的准备等。现有一批某公司的2MW直驱永磁风力发电机组，需要安装在某陆地风电场，根据风电场要求做好风力发电机组现场安装的各项准备工作。

项目目标

一、知识目标

1）掌握风力发电机组现场安装的安全事项。
2）掌握风力发电机组现场安装前的施工方案的编制方法。

二、能力目标

1）能编制风力发电机组现场安装的施工方案。
2）能根据风电场要求做好风力发电机组现场安装前的各项准备工作。

三、素质目标

1）具有获取、分析、归纳、交流、使用信息和新技术的能力。
2）具有团队合作意识。
3）具有一定的口头与书面表达能力和人际沟通能力。

项目任务

任务一　风力发电机组的整体结构认知

一、风力发电机组的结构

本项目以某公司生产的2MW直驱永磁风力发电机组机型为对象进行说明，机组外形如图1-1-1所示，主要由塔基、塔架、机舱、发电机、轮毂、叶片及其他辅助部件构成。

1. 塔基

塔基为独立的重力式基础，钢筋混凝土结构，主要依靠自身重力来承受上部塔架传来的向载荷、水平载荷和颠覆力矩。如图 1-1-2 所示，塔基主要为圆形承台。

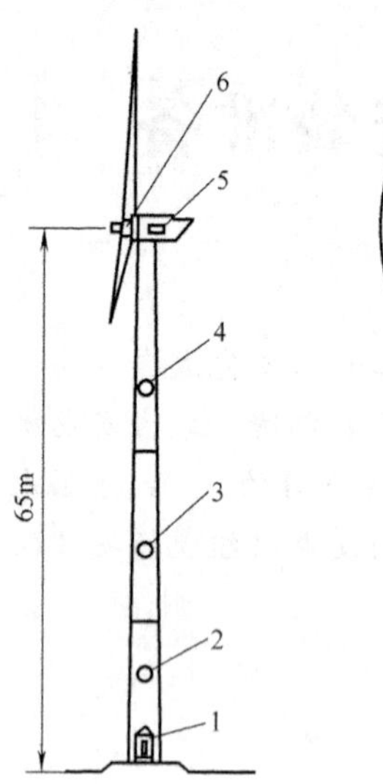

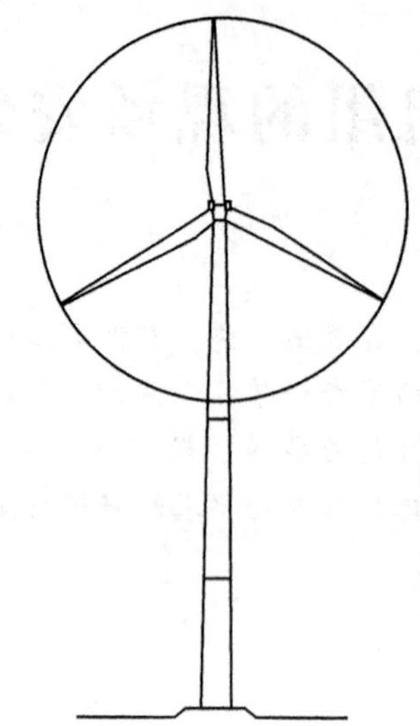

图 1-1-1　风力发电机组外形

1—塔基　2—底段塔架　3—中段塔架

4—顶段塔架　5—机舱　6—叶轮

图 1-1-2　塔基

2. 塔架底部

塔基上面有个平台，如图 1-1-3 所示，专门用来放置变频器、主控柜、水冷柜及 UPS 等电气部件。

注意：对于具体项目，塔架底部各电气部件位置可能会有所不同。

3. 塔架

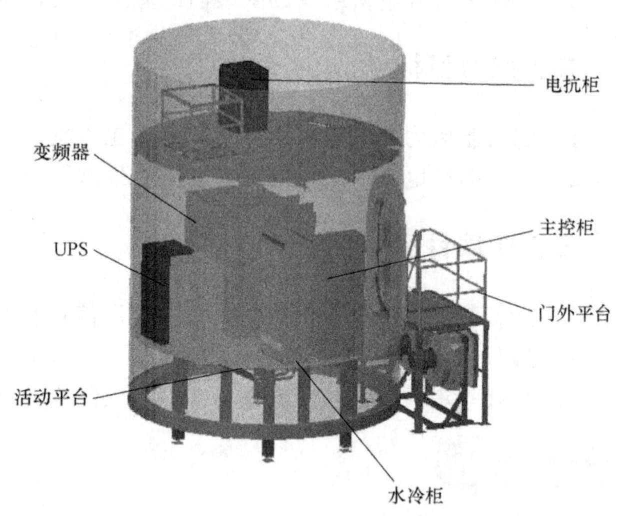

图 1-1-3　塔架底部的组成

塔架与基础之间通过基础环进行连接，它主要由底座、塔架（俗称塔筒）、入口梯子总成、焊接附件及可拆卸附件组成。如图 1-1-4 所示，塔架采用柔性塔架，为锥形筒状结构，方便人员通行。材料选用低合金高强度结构钢 Q345，塔架具有静、动强度，能承受叶轮、塔架自身力以及叶轮引起的振动载荷，包括风机的启停及强风。

4. 机舱总成

如图 1-1-5 所示，机舱主要由机舱罩、底座及附件、偏航系统（偏航电动机、偏航减速器、偏航轴承、偏航制动盘、偏航制动器）、液压系统、润滑系统、提升机及其他附件组成。

5. 发电机

如图 1-1-6 所示，发电机主要由定子（定子支架、铁心、线圈及引出电缆防护总成等）、

转子（转子支架、磁钢）、定轴、动轴、轴承及其他附件（转子制动器）等组成。

图 1-1-4 塔架

图 1-1-5 机舱总成

图 1-1-6 发电机

6. 叶轮总成

如图 1-1-7 所示，叶轮主要由轮毂、变桨系统（变桨电动机、变桨减速器、变桨轴承及变桨盘）及叶片等组成。

二、风力发电机组主要部件参数

某公司生产的 2MW 直驱永磁风力发电机组的主要部件参数见表 1-1-1。

三、风力发电机组的特点

某公司生产的 2MW 直驱永磁风力发电机组采用水平轴、三叶片、上风向、变桨距调节、直接驱动及永磁同步发电机并网的总体设计方案。这款风力发电机组相比其他机型的优势如下：

图 1-1-7 叶轮总成

1）发电效率高，直驱式风力发电机组没有齿轮箱，减少了传动损耗，提高了发电效率，尤其是在低风速环境下，效果更加显著。

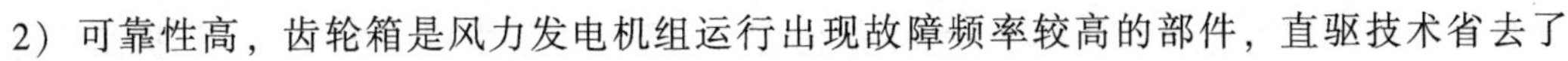

2）可靠性高，齿轮箱是风力发电机组运行出现故障频率较高的部件，直驱技术省去了

齿轮箱及其附件，简化了传动结构，提高了机组的可靠性。同时，机组在低转速下运行，旋转部件较少，可靠性更高。

3）运行及维护成本低，采用无齿轮直驱技术可减少风力发电机组零部件数量，避免齿轮箱油的定期更换，降低了运行维护成本。

表 1-1-1　2MW 机型风力发电机组主要部件参数

部件名称		尺寸	数量	重量/t
76.9m 塔架（3 段）	底段塔架	$L=18900$mm，$\phi4400$mm	1	63
	中段塔架	$L=28000$mm，$\phi4400\sim3800$mm	1	54
	顶段塔架	$L=30000$mm，$\phi3800\sim2686$mm	1	38
77.5m 塔架（4 段）	底段塔架	$L=16000$mm，$\phi4400$mm	1	54.77
	中段塔架 1	$L=20000$mm，$\phi4400\sim4046$mm	1	43.3
	中段塔架 2	$L=20000$mm，$\phi4046\sim3485$mm	1	33
	顶段塔架	$L=21500$mm，$\phi3485\sim2686$mm	1	25.6
100m 塔架（4 段）	底段塔架	$L=16800$mm，$\phi4500$mm	1	72
	中段塔架 1	$L=25200$mm，$\phi4500\sim4042$mm	1	80
	中段塔架 2	$L=28000$mm，$\phi4046\sim3387$mm	1	69
	顶段塔架	$L=30000$mm，$\phi3387\sim2686$mm	1	46
机舱总成（含运输架）		3760mm（高）×3292mm×5288mm	1	21
发电机总成		$\phi4275$mm×2623mm（高）	1	75.77
轮毂总成（含运输架）		3591mm×3367mm×3486mm（高）	1	21.5
叶片	HT45.5-2.0MW	$\phi2205$mm×45500mm	3	8.25（单重）
	LZ45.3-2.0MW	$\phi2205$mm×45300mm	3	8.45（单重）
	DT96-2.0MW	$L=45500$mm×3583mm×2205mm	3	8.69（单重）

4）电网接入性能优异，直驱永磁风力发电机组的低电压穿越使得电网并网点电压跌落时，风力发电机组能够在一定电压跌落的范围内不间断并网运行，从而维持电网的稳定运行。

任务二　风力发电机组现场安装的安全准备

一、安全总则

安全是一切工作的根本，为了保证安全操作风力发电机组设备，所有工作人员必须认真阅读和遵守手册的安全规程，任何错误操作和违章行为都可能导致设备的严重损坏或危及人身安全，所有在风力发电机组附近工作的人员都应阅读、理解和使用安全规程。

负责安装工作的管理人员必须督促现场人员按安全规程工作，安装前（中）应对吊车、起吊设备和安全设施进行必要的维护检查，如果发现问题应立即报告现场负责人员，并进行处理。人员进入风力发电机组工作前，必须在设备周围设置警告标志，避免在不知情的情况下起动设备造成人员伤亡。

风力发电机组的设计是在安全、可靠和高效的前提下进行的，所有在风力发电机组中进行有关工作的人员都必须遵守《风力发电场安全规程》及《风力发电机组安全手册》，在针对风力发电机组的工作过程中必须正确使用工作设备和所有防护性设备，存在危险隐患时不允许进行操作，避免产生对人身和设备的伤害。只要风力发电机组的安装、维护及运行遵照

风力发电机组制造公司各相关手册的要求来进行，就不会出现设备安全问题。如果出现安全事故，必须及时报告相关部门。

二、人员要求

在风力发电机组中进行有关工作的人员必须符合《风力发电场安全规程》中风电场工作人员的基本要求，并得到切实可行的保护。只有经过培训的专业人员，才可以进行风力发电机组的安装运行及维护工作。专业人员是指基于其接受的技术培训、知识和经验以及对有关规定的了解，能够完成交给他的工作并能意识到可能发生的危险的人员。高空作业必须由经过塔架攀爬训练的人员进行。正在接受培训的人员对风力发电机组进行任何工作，必须由一位有经验的人员持续监督。只有年满 18 周岁的人员才允许在风力发电机组上独立工作。原则上，必须至少有两人同时进入风力发电机组工作。工作人员除了对机组设备了解外，还必须具备下列知识：

1）了解可能存在的危险、危险的后果及预防措施。

2）在危险情况下对风力发电机组采取何种安全措施。

3）能够正确使用防护设备。

4）能够正确使用安全设备。

5）熟知风力发电机组操作步骤及要求。

6）熟知与风力发电机组相关的故障及其处理方法。

7）熟悉正确使用工具的方法。

8）熟知急救知识和技巧。

9）不具备以上知识的人员不得操作风力发电机组。

三、防护安全

1. 人身防护装备

在对风力发电机组进行工作之前，每个工作人员都必须理解如下设备的使用说明。攀登塔架的工作人员必须使用合格的安全带、攀登用的安全辅助设备或者适合的安全设施。如果风力发电机组位于近水地点，应穿救生衣。攀登塔架并进入机组时穿戴的主要防护装备见表 1-2-1。

表 1-2-1　主要防护装备

1		安全带及相关装备（如安全钢丝绳、快速挂钩、双钩吊带）。安全带用肩带、胸带，腰带和腿带系在人员的身体和两条腿上
2		在风力发电机组内部工作时，要戴上有锁紧带的安全帽
3		防护服，可以防止受伤和油污
4		手套，可以防止手受伤和油污

（续）

5		橡胶底防护鞋
6		耳塞，防止大风和设备噪声的影响
7		手电筒，应急时使用
8		护目镜，特殊工作时需要
9		在室外低温条件下，要穿保暖衣服

除了上面列出的设备外，还必须具备如下物品：

1）紧急逃生装置。在风力发电机组上工作时，操作人员周围必须有逃生装置，以使得他们可以快速撤离到安全环境下。在需要撤离的紧急情况下，操作人员必须对设备及其使用说明非常熟悉。在任何时候，紧急下降设备的使用说明书都必须与设备放在一起，且必须在不打开设备的情况下可以查看说明书。

2）灭火器（塔底平台及以上各层平台各存放一个）。

3）移动电话或对讲通信设备。

2. 主要防护装备的检查及穿戴

（1）使用前检查

操作者必须正确使用安全设备并在使用之前和之后都对安全设备进行检查。对安全设备的检查，必须由经授权的专业公司进行，并且必须记录在设备的维护记录中。不要使用任何有磨损或撕裂痕迹的设备或者超过制造商建议使用寿命的设备。使用人身防护装备主要是减少在工作场所的危险。所有在风力发电机组现场使用的人身防护装备必须符合下列一般条款：

1）防护设备必须具备期望的功能，符合现行法律和标准，且具有“CE”标识。

2）在有效期内使用。

3）若有损坏，应立即更换。

4）人身防护装备标准应符合现行的标准和规范以及厂家的使用说明书规定。

所有将要对风力发电机组进行特殊或者未预见过的操作，都必须经过公司相关人员同意，公司将决定是否需要用到特殊的设备及这些设备的使用条件。

（2）穿戴安全带（见图 1-2-1）

1）先把安全带举起来（以确定穿戴方向是否正确）。

2）手臂穿过肩带（像穿外衣那样从后面穿上黄色背肩带）。

3）扣上腰带安全扣。

4）穿入腿带。

5）调整肩带长度（使安全带紧紧地同身体贴在一起）。

6）调整腿带长度（将大腿之间的环带穿过带扣，向上拉紧）。

7）扣上胸带。

8）将安全绳（或安全锁扣）系在安全带上，穿戴完成。

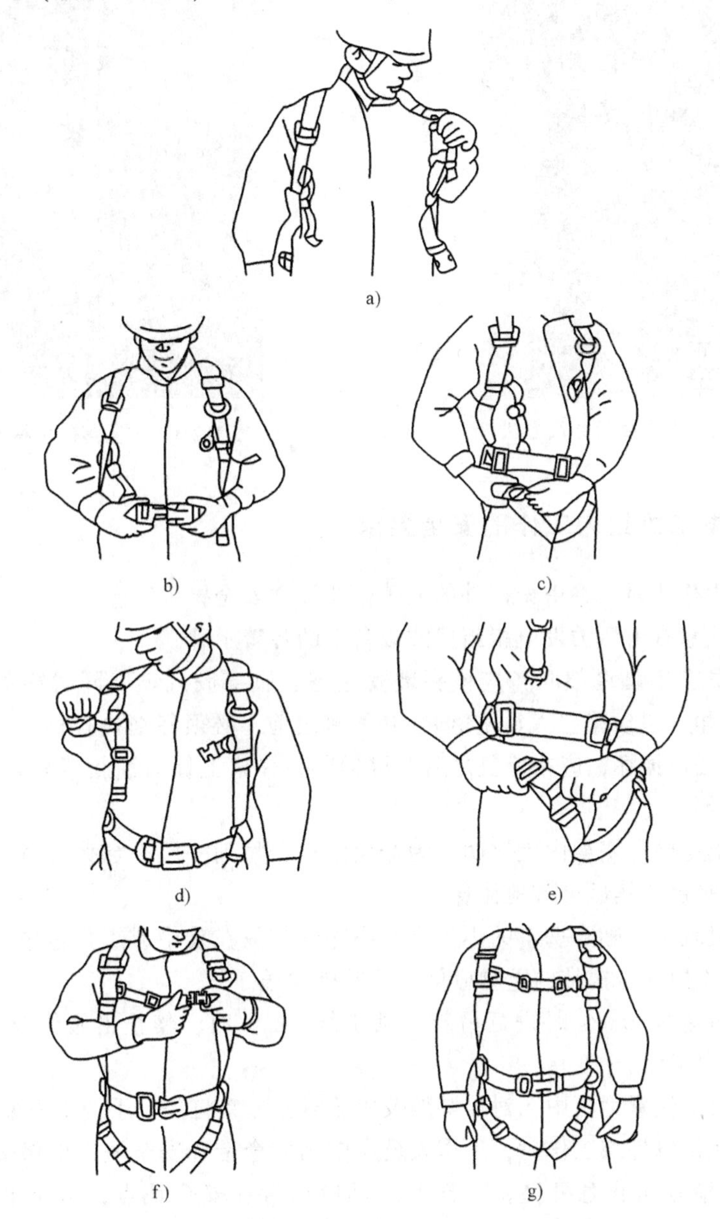

图 1-2-1　穿戴安全带（全身式安全带着装方法）

a）手臂穿过肩带　b）扣上腰带安全扣　c）穿入腿带　d）调整肩带长度　e）调整腿带长度　f）扣上胸带　g）穿戴完成

（3）安全绳和机械安全扣的穿戴

带挂钩的安全绳的穿戴方法，如图 1-2-2 所示，防坠落的机械安全锁扣，如图 1-2-3 所示。

如果要完成的工作是对正在运行的风力发电机组的检查和维护，工作人员还应准备手电筒、安全眼镜和保护性耳塞。

图 1-2-2 安全绳的穿戴方法

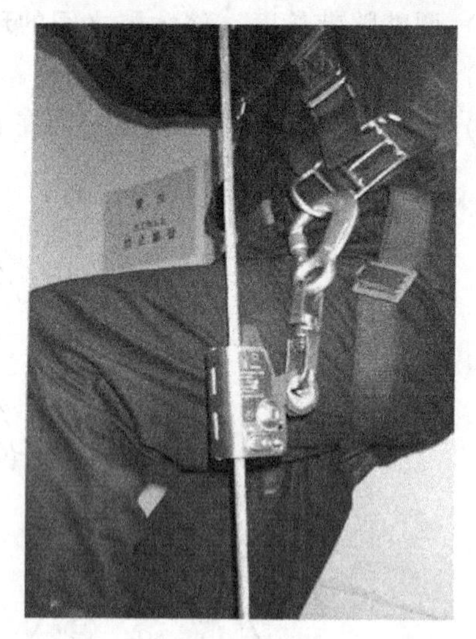
图 1-2-3 防坠落的机械安全锁扣

四、风力发电机组内工作的安全要求

1）在塔架内作业时，在塔架门外的显著位置设立安全警示牌。

2）工作时注意查看风力发电机组里或设备上的各警示牌。

3）工作人员在攀爬塔架时，应该头戴安全帽、脚穿胶底鞋，同时穿戴好全身式安全带，系好安全锁扣（以防攀登人员坠落）。在攀爬之前，必须仔细检查梯架、安全带和安全绳，如果发现有任何损坏，应在修复之后方可攀爬，梯架上任何油脂残渣必须立即清除掉，以防攀爬人员滑倒。

4）机组未上电前，塔架内无照明，为避免踏空，每到一层平台休息时，应先伸出一只脚确认是否到达平台，然后再落地休息。

5）在攀爬过程中，随身携带的小工具或小零件应放在袋中或工具包中，固定可靠，防止意外坠落。不方便随身携带的重物应使用提升机输送。

6）不能在风速≥10m/s 时进行吊装，风速≥12m/s 时，禁止出舱作业，风速≥18m/s 时，禁止在机舱内工作。

7）安装人员要注意力集中，对接塔架及机舱时，严禁将头、手伸出塔架外。

8）当需要在机舱外部工作时，工作人员应使用安全带和安全绳以确保安全，对使用的工具应采取有效措施防止意外坠落。作业工具应放置在安全地点，防止出现坠落等危险情况。

9）一项工作应由两个或以上的人员来共同完成。相互之间应能随时保持联系，超出视线或听觉范围，应使用对讲机或移动电话等通信设备保持联系。注意：带上电量充足的电池，出发前试用对讲机。

10）转子锁定：在机舱前部发电机定子处有两个手轮，通过它们可将锁定插入定、转子中。只有经过特殊培训的人员才可以操作这两个手轮。如果操作不正确，可能会导致严重的设备损坏或人身伤害。转子锁定时不得少于两人，一人操作手柄，一人操作锁定手轮。

11）严禁从机舱向外扔东西。

12）进行与油品有接触的工作时必须戴橡胶防护手套和护目镜，因为油品有刺激性，对人的身体有害。

五、电气安全要求

1）为了保证人员和设备的安全，只有经培训合格的电气工程师或经授权人员才允许对电气设备进行安装、检查、测试和维修。

2）安装调试过程中不允许带电作业，在工作之前，断开主断路器以切断电源，并挂上警告牌（见图 1-2-4）。

3）如果必须带电工作，只能使用绝缘工具，而且要将裸露的导线做绝缘处理。同时应注意用电安全，防止触电。

4）现场需保证有两位以上的工作人员，工作人员进行带电工作时必须正确使用绝缘手套、橡胶垫和绝缘鞋等安全防护设施。

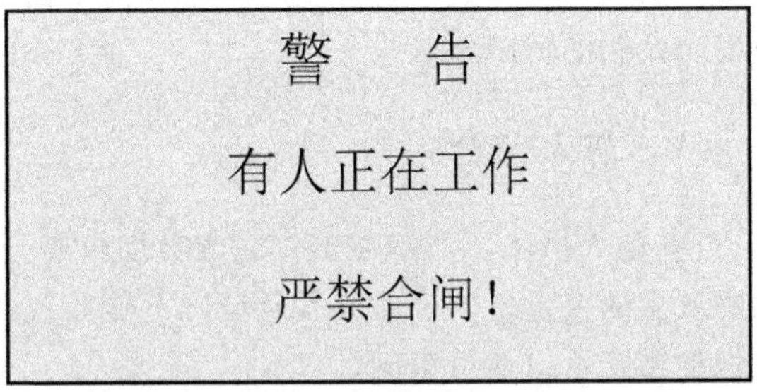

警　告

有人正在工作

严禁合闸！

图 1-2-4　警告牌

5）对超过 1000V 的高压设备进行操作时，必须按照工作票制度进行。

6）对低于 1000V 的低压设备进行操作时，应将控制设备的开关或熔断器断开，并由专人负责看管。如果需要带电测试，则应确保设备绝缘和工作人员的安全防护。工作完成后必须得到负责人的允许才可重新上电。

7）给设备上电时，一定要确保所有人员已经处于安全位置，所有测试用的短接线已经被拆除，所有被拆开的线路已经完全恢复并且可靠连接，确认所有被更换的元器件的接线是正确可靠的，如此方可给设备合闸供电。

8）为水冷系统加注冷却液或排出冷却液时，工作人员必须使用橡胶手套和护目镜，并应防止冷却液喷溅到电气设备和电器回路上。

六、焊接和切割作业安全

1）在安装现场进行焊接或切割等容易引起火灾的作业时，应提前通知有关人员，做好安全防范及与其他工作的协调工作。

2）清除作业区周围一切易燃易爆物品，或进行必要的防护隔离。

3）确保灭火器有效，并放置在随手可及之处。

4）工作过程中产生的飞溅物会对眼睛或脸部产生伤害，因此，作业时必须佩戴护目镜。另外还应穿防护服，戴手套。

5）在必要情况下，用防护板将电缆保护起来，以防火花损伤电缆。

七、登机安全

1）只能在停机和安全的时候才能登机作业。

2）使用安全装备前，要确认所有的东西都是完好的。在攀爬风力发电机组前要检查防滑锁扣轨道是否完好。穿戴好安全装备并检查，不要低估攀爬风力发电机组的体力消耗。允许攀爬的前提条件是身体健康，没有心脏及血管疾病，没有使用药物或醉酒。

3）攀爬塔架时，检查确认下面没有人。每次每节塔架梯子上，只允许一人攀爬。到达平台的时候将平台盖板打开，继续往上攀爬时要把盖板盖上。只有当平台盖板盖上后，第二个人才能开始攀爬，并证上塔架时，携带工具者最后攀爬；下塔架时，携带工具者最先下塔架，这样可以防止下面的人被上面掉落的东西砸伤。到达梯子顶端时，在卸掉防坠落装置之前，必须用减振系绳与一个安全挂点连接来保证自己安全。

4）攀爬时，小工具和其他松散的零部件必须放在耐磨的工具包或工具箱中，松散的小件不可放在衣服口袋中且手上应不带任何东西。进入机舱时，必须把上平台的盖板盖好，防止发生坠物的危险。

八、防火安全

1）防火措施：严禁在工作区内吸烟！离开工作区时必须将所有的包装材料、纸张和易燃物质全部带走。为了保证紧急情况下能实现快速救护，必须保证通往现场的道路畅通，而且保证道路可以通行车辆。

2）应对火灾措施：若风力发电机组内起火，可以使用塔架内的灭火器进行扑救，同时通知电场人员以寻求更多的帮助。如果发生火灾，所有人员必须远离风力发电机组的危险区，及时通知电场人员快速将风力发电机组与电网断开，拨打当地火警电话，讲明着火地点、风力发电机组现场编号、着火部位、火势大小、外界环境风速、报警人姓名、手机号，并派人在路口迎接，以便消防人员及时赶到。

任务三　风力发电机组的卸载与存放

一、场地的准备

1. 进场道路的准备

本部分是针对在风场安装某公司2MW系列风力发电机组所应考虑的将风力发电机组设备从场外道路运入风场而专门设计的道路或普通道路而做的总体说明，但它不是提供风场土建工程的说明。在开展进场道路建设工作时，不能仅凭文件的叙述，一定还要咨询土建工程方面的技术人员。进场道路的要求根据是否是进场道路或是场内卡车通行道而不同。风场内外的进场道路应当满足下列最低要求：

1）路面承载能力：所有道路满足承载15t的需求，最大承载率为95%。

2）道路的最小直线宽度——直道：所有进场道路至少6m宽，为满足承载起重机的载货汽车通行，风场内道路最小宽度为9m；或者路宽为6m加一个压实肩，便于载货汽车通行。

3）弯道：根据弯道半径适当加宽路面，一般弯道处宽度至少为15m。

4）横向坡度：当有必要认为要增加排水量时才需要横向坡度，最大的横向坡度不要超

过2°。

5）最大坡度：风场内进场道路的最大坡度为8°（即路面坡度为14%）。条件是路面足够坚实且压实，并且路面材料足以避免载货汽车车轮打滑。如果路面坡度超过该值，道路最好是混凝土或沥青路面。场内载货汽车道的最大运行坡度为10%，弧度超过45°的道路最大坡度不能超过15%。

6）转弯半径：弯道内至少35m，路外5m内不能有移动的障碍物。当转弯半径不够时，允许修整延伸，但边部需用水泥石块修砌加固。

7）静空高度：载货汽车的最小静空高度为5m。

8）桥梁：沿途如果有桥梁，因发电机重量达55t，所以桥梁的承载能力应不小于55t。

9）排水：良好的排水系统对建造优质道路较为关键。横向排水系统必须比路基深，这样可以避免被淹。横向坡度可以通过表面排水而不侵蚀路基。水一定要排干到临近地带。

10）通往安装现场的道路要平整，路面必须适合载货汽车、拖车和吊车的移动及停靠。松软的土地上应铺设厚木板/钢板等，防止车辆下陷。

2. 风力发电机组基础的准备

风力发电机组基础施工完毕至安装前，混凝土基础应有足够的养护期，一般需要28天以上的养护期，且各项技术指标均合格。风力发电机组基础施工完成后，可采用水平仪在上法兰表面四周8个（或3个）均匀分布的点测量水平度（见图1-3-1），并做好记录；基础法兰上平面水平度应小于2mm。具体施工要求见各项目的基础施工技术条件。

3. 工作区的准备

1）现场以基础环为中心，半径30m内地面应平整、无沟壑（允许的最大不平度为3%），且无任何灌木和异物，以方便塔架、叶片、轮毂、机舱及附件的摆放，且必须为轮毂的装配留有足够的空间。

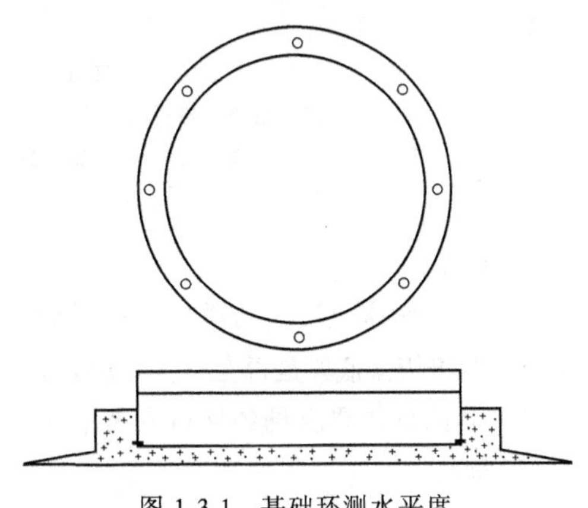
图1-3-1 基础环测水平度

2）塔架、叶片、轮毂、机舱及附件的摆放位置可根据现场实际情况确定，原则上在主吊位置确定情况下，可吊到任何备件且互不影响。图1-3-2所示为一个现场布置图示例，该图主要是针对地形较为平坦的现场制定的。如现场不具备以上条件，可以和现场吊装负责人员及吊装公司进行协商，以确定备件的摆放位置。

3）要留出部件临时堆放区，以便因种种原因需要将零部件进行临时放置，临时放置时应避开工作区。

二、塔架底座的卸载与存放

在安装前，应对所有的设备进行检查，到货产品应为出厂验收合格的产品。核对货物的装箱单及安装工具清单，如果发现异常情况，应立即报告主管人员，并及时与供货商进行联系，决定处理措施。

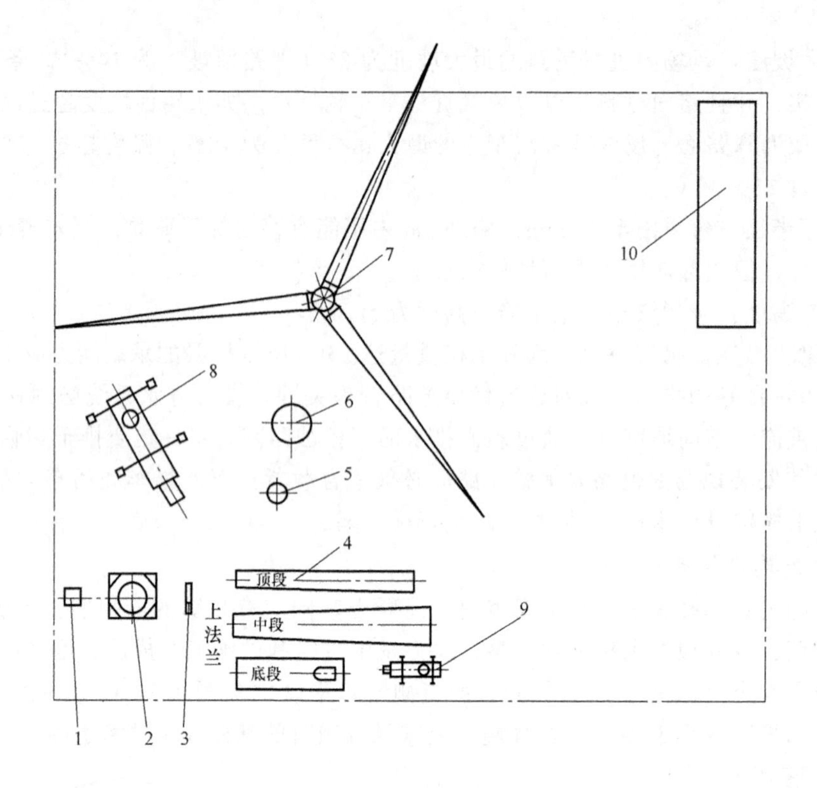

图 1-3-2　现场布置图示例

1—箱变（箱式变压器）　2—基础　3—电控柜　4—塔架　5—机舱
6—发电机　7—叶轮　8—主吊车　9—辅助吊车　10—集装箱

1. 检查

1）检查底座上法兰与塔架下法兰对接的标识。

2）检查塔架底段是否变形：分别测量上法兰面两个相互垂直方向的直径，$D_{max}-D_{min}\leqslant3$mm。

3）其他具体要求见各项目安装手册。

2. 卸载

使用吊带进行搬运，避免损坏塔架底座防腐层，工具见表 1-3-1。

表 1-3-1　基础环卸载用工具

序号	名称/规格	数　量	备　注
1	扁平宽吊带/(25t,20m)	1 根	

3. 摆放

1）塔架底座应放置在基础开挖坑的附近。

2）在基础浇注前三天应对塔架筒体进行清洗，清洁筒体内外部，必要时进行补漆，工具见表 1-3-2。

3）基础施工完成后，塔架安装前应清除塔架底座内土、石等杂物，清洁法兰，工具见表 1-3-3。

表 1-3-2 塔架底座清洗、防腐和补漆用工具

序号	名称/规格	数 量	备 注
1	大布	2m	
2	拖把	2 把	
3	洗洁精	适量	
4	水桶	1 只	
5	油漆/(白色)	适量	
6	毛刷	2 把	
7	稀释剂	适量	
8	双侧梯子/(承载大于 150kg,长度 4m)	1 副	

表 1-3-3 清理塔架底座工具

序号	名称/规格	数 量	备 注
1	铁铲	2 把	
2	大布	0.5m	
3	扫帚	1 把	

4）对接标记：塔架底座上法兰有一个堆焊出来的明显标记，表明与塔架底法兰的对接位置（一般这个标记对应塔架门的方向）。

5）水平度检查：在塔架底座平台上用水平仪和标尺检查相隔 120°的三个方向上（其中一个方向对应法兰对接标记）底座上法兰面是否水平。测量点位于法兰中环，每个方向最少测量两次，最大水平误差平均不超过 2mm，如塔架底座相对较高，测量时应注意人身安全及器材的保护，该项工作应在基础验收时进行，工具见表 1-3-4。

表 1-3-4 塔架底座水平度检查用工具

序号	名称/规格	数 量	备 注
1	水平仪和标尺	各 1 个	

6）检查塔架底座防腐层是否有损伤。

三、塔架的卸载与存放

1. 检查

1）到货检验：零部件及随机件齐全完好（见各项目安装手册安装零部件及工具清单），塔架两端用防雨布封堵、法兰用米字支撑固定。

2）检查塔架下法兰与基础环的对接标记、各段对接标识。

3）检查塔架是否变形：分别测量法兰面两个相互垂直方向的直径，$D_{max}-D_{min}\leqslant 3mm$。

图 1-3-3 测量塔架爬梯伸缩量

4）检查各段塔架爬梯的伸缩量（见图 1-3-3），核算下段爬梯与底座平台及上段间是否符合要求，工具见表 1-3-5。

5）检查各段平台、爬梯和其他附件的紧固螺栓，清理杂物，避免吊装时异物落下伤人。

表 1-3-5 塔架爬梯检查用工具

序号	名称/规格	数 量	备 注
1	卷尺/(5m)	1把	
2	方木/(50mm×50mm,长 2m)	1根	

2. 卸载

使用吊带进行卸载及搬运可避免损坏塔架防腐层，如图 1-3-4 所示，工具见表 1-3-6。

表 1-3-6 塔架卸载用工具

序号	名称/规格	数 量	备 注
1	扁平宽吊带/(25t,20m)	2根	

3. 摆放

1）塔架应放置在基础环附近，应按上、中、下次序并排摆放，每节塔架的上法兰应靠近基础环附近，靠近主吊车，以利于塔架吊装，减少主吊车的移动。塔架轴线方向与主风向同向。

2）在枕木上加草垫或棉被，将其垫在靠近塔架法兰的地方，使塔架水平放置，支撑处用三角木打“堰”，防止塔架滚动，如图 1-3-5 所示，工具见表 1-3-7。

图 1-3-4 塔架卸载图

图 1-3-5 塔架存放图

表 1-3-7 塔架摆放用工具

序号	名称/规格	数 量	备 注
1	枕木	适量	
2	三角木	适量	
3	棉被或草垫	适量	

3）安装前三天应对塔架进行清洗，清洁筒体内部，必要时进行补漆。

四、电控柜、水冷柜及变流柜等的卸载与存放

1. 检查

到货检验：零部件及随机件（见各项目安装手册安装零部件及工具清单）应齐全完好。

2. 卸载

用吊带卸载，如图 1-3-6 所示，工具见表 1-3-8。

3. 摆放

1）放在基础附近，注意塔架门的方向，摆放应便于安装。

表 1-3-8 安装用工具

序号	名称/规格	数 量	备 注
1	扁平宽吊带/(10t,12m)	2根	
2	双侧爬梯/(承载大于 150kg,长度 4m)	1副	
3	钢丝钳	1把	拆包装
4	撬杠	1根	拆包装
5	导向绳/(ϕ20mm,30m)	2根	固定用

2）电控柜、水冷柜和变流柜大面应顺着主风向（以减小受风面积），摆放应平稳，若到货当日不安装，则必须进行固定，避免倾翻。

3）用防雨布对电控柜、水冷柜和变流柜进行防护，避免风沙、雨、雪对电气元器件的侵蚀。

五、机舱的卸载与存放

1. 检查

到货检验：零部件及随机件（见各项目安装手册零部件及工具清单）应齐全完好。

2. 卸载

用机舱吊装吊具将机舱连同运输支架一起卸下，并卸下两片舱底及随机附件，如图 1-3-7所示，所需工具见表 1-3-9。

图 1-3-6 电控柜卸载图

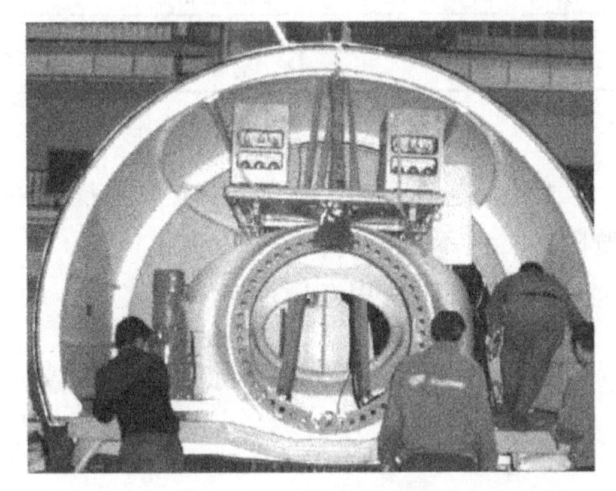

图 1-3-7 机舱卸载图

表 1-3-9 卸载机舱用工具

序号	名称/规格	数 量	备 注
1	机舱吊具总成	1套	

3. 摆放（见图 1-3-8）

1）放置时机舱口（带毛刷）应偏离主风向 180°左右，并保持运输支架水平。

2）存放时使用专用篷布防护。

六、发电机的卸载与存放

1. 检查

1）到货检验：零部件及随机件（见各项目安装手册安装零部件及工具清单）应齐全

完好。

2）发电机应被完全锁定。

2. 卸载（见图 1-3-9）

用专用吊具将发电机连同运输支架一起卸下，工具见表 1-3-10。

图 1-3-8 机舱摆放图

图 1-3-9 发电机卸载图

表 1-3-10 卸载发电机用工具

序号	名称/规格	数量	备注
1	2MW 发电机吊具总成	1套	
2	导向绳（ϕ20mm，10m）	1根	控制发电机上升时在周向的方向

3. 摆放

1）发电机运输到现场时应水平摆放在机舱附近，但不能影响机舱的吊装。

2）存放时使用专用篷布防护。

七、轮毂变桨系统的卸载与存放

1. 检查

1）到货检验：零部件及随机件（见各项目安装手册安装零部件及工具清单）应齐全完好。

2）为了避免导流罩与发电机干涉，检查轮毂安装面到导流罩下端 H 的尺寸，如图 1-3-10所示，工具见表 1-3-11。

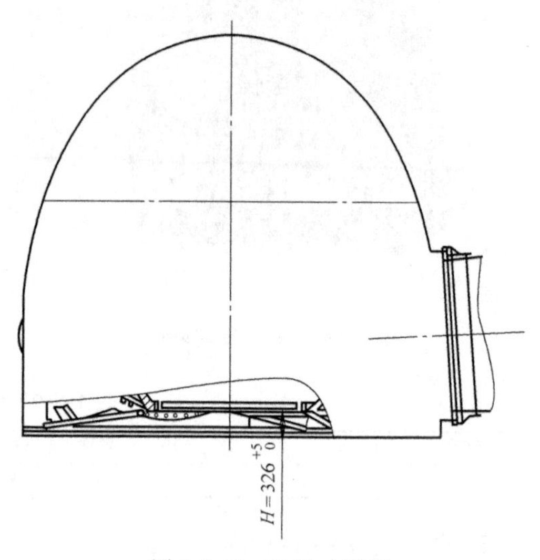

图 1-3-10 H 尺寸测量

表 1-3-11 检查用工具

序号	名称/规格	数量	备注
1	卷尺/(5m)	1把	
2	钢板尺/(1.5m)	1把	

3）检查变桨轴承与导流罩毛刷孔的同心度，钢板尺紧贴变桨轴承端面，应不与导流罩毛刷孔干涉（出厂要求同心度小于 15mm），如图 1-3-11 及图 1-3-12 所示，工具见表 1-3-11。

图 1-3-11 同心度检测（1）

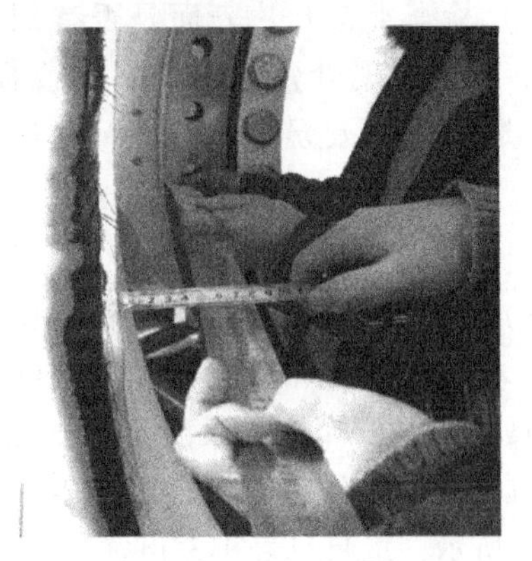

图 1-3-12 同心度检测（2）

2. 卸载

采用轮毂吊具吊卸，如图 1-3-13 所示，工具见表 1-3-12。

表 1-3-12 轮毂卸载用工具

序号	名称/规格	数 量	备 注
1	轮毂吊具	3 套	
2	U 形卸扣/(10t)	3 只	
3	三腿吊带索具	1 套	长度 2m

图 1-3-13 轮毂卸载图

3. 摆放

1）按预先制定的现场布置方案，将轮毂卸载到方便叶轮组对的位置。注意不能影响机舱和发电机的吊装。

2）在运输支架下垫一层枕木，便于叶轮组对，如图 1-3-14 所示，工具见表 1-3-13。

表 1-3-13 轮毂摆放用工具

序号	名称/规格	数 量	备 注
1	枕木	适量	厚度大于 250mm

八、叶片的卸载与存放

1. 检查

1）到货检验：零部件及随机件（见各项目安装手册安装零部件及工具清单）应齐全完好。

2）检查所有叶片表面是否有划痕或损伤，如果发现叶片上出现裂纹或损伤，则必须由专业人员在吊装前一天完成修复。

2. 卸载

1）将10t环状圆环吊装带安装在叶片上，并在叶片起吊位置后缘安装叶片后缘护具，以保护叶片后缘，确认吊钩位置垂直方向上与叶片重心重合后起吊，如图1-3-15所示，工具见表1-3-14。

图1-3-14 轮毂摆放图

2）起吊前，在叶片法兰固定导向绳，在叶片的叶尖通过叶尖护袋固定导向绳。在起吊过程中，设专人拉住导向绳，控制叶片移动。叶尖护袋如图1-3-16所示，工具见表1-3-15。

图1-3-15 叶片卸载

表1-3-14 叶片吊装用工具

序号	名称/规格	数 量	备 注
1	10t环状圆环吊装带	1根	R01-10t×10m
2	叶片后缘护具	1套	

表1-3-15 叶尖导向用工具

序号	名称/规格	数 量	备 注
1	叶尖护袋	1件	
2	导向绳/(ϕ20mm,10m)	1根	

图1-3-16 叶尖护袋

3. 摆放

1）叶片摆放在预先指定的地方，不能影响塔架、机舱和发电机的吊装（见图 1-3-17）。

2）为防止叶片倾翻，摆放时应注意现场近期的主风向，叶片顺风放置，且叶片根部呈迎风（主风向）状态，必要时用沙袋对叶片进行加固或采取有效措施，以防止叶片随意摆动。

图 1-3-17　叶片摆放

3）放置位置一定要选择地势较平坦地方，若出现凸凹不平，则需要进行回填或开挖；如是沙土地或其他土质松软地，应夯实前支架及后支架摆放区域，避免前、后支架下陷，并保证叶片不能接触地面，否则会损坏叶片。

4）叶尖部位保护支架与叶片接触部位应放置适当的保护材料（如软橡胶垫或纤维毯等）进行必要的保护，以避免损坏叶片。

5）存放时要封闭叶片法兰口，防止叶片内进入砂石等杂物。

6）安装用零部件及工具见表 1-3-16。

表 1-3-16　安装用零部件及工具

序号	名称/规格	数　量	备　注
1	铁铲	2 把	
2	活扳手/(300×34)	2 把	
3	扁平吊带/(10t,12m)	1 根	吊带宽度不小于 120mm
4	叶尖护袋	1 件	
5	导向绳/(ϕ20mm,10m)	1 根	
6	夯实工具	1 套	针对土质松软地
7	沙袋	若干	

项目实训 »

一、实训目的

1）掌握风力发电机组安装与调试实训设备的整体结构。

2）掌握直驱风力发电机组实训设备装配的安全规程。

二、实训内容

1）风力发电机组安装与调试实训设备整体结构认知。

2）风力发电机组安装与调试实训设备安装规范一般要求认知。

3）风力发电机组安装与调试实训设备螺钉、螺栓连接要求认知。

4）风力发电机组安装与调试实训设备吊车的安全使用。

三、实训器材

图 1-4-1 所示为本实训所用的风力发电机组安装与调试实训设备（以下简称“模拟风

机”），其主要参数如下：

1）设备电源：单相三线制 AC220V（1±10%）50Hz。

2）最大输出总功率：4kV · A。

3）外形尺寸：5m（长）×5m（宽）×5m（高）。

4）安全保护措施：具有过电压、过载、漏电等保护措施，符合国家相关标准。

四、实训步骤

1. 实训设备部件认识

模拟风机结构包括底座部件、塔架部件、机舱部件、发电机部件、风轮部件、控制系统及操作与监控系统等。

图 1-4-1　实训设备

（1）底座部件

模拟风机的塔基如图 1-4-2 所示，其横截面积较大，其脚轮可以滚动，可以承受机组载荷，防止机组倾倒，且移动方便。

（2）塔架部件

模拟风机塔架如图 1-4-3 所示，用于支撑上部机组，使风轮达到机组设计高度，并保护从机舱中接出的电缆及电气元器件。分为底段塔架、中段塔架和顶段塔架。

图 1-4-2　塔基示意图

图 1-4-3　塔架部件示意图

（3）机舱部件

模拟风机的机舱如图 1-4-4 所示，其主要作用有两个：

1）与风力发电机组的控制系统相配合，使风力发电机组的风轮始终处于迎风状态，充分利用风能，提高风力发电机组的发电效率。

2）提供必要的锁紧力矩，以保障风力发电机组的正常运行。

（4）发电机部件

模拟风机的发电机如图 1-4-5 所示，它是将风能转换为机械能、机械能转换为电能的电力设备。本实训设备使用的是直流发电机。

（5）风轮部件

模拟风机的风轮如图 1-4-6 所示，它由气动性能优异的三个叶片装在轮毂上组成，它的作用就是将风能转换成机械能，风轮转子直径随着风力发电机功率的增大而增大。

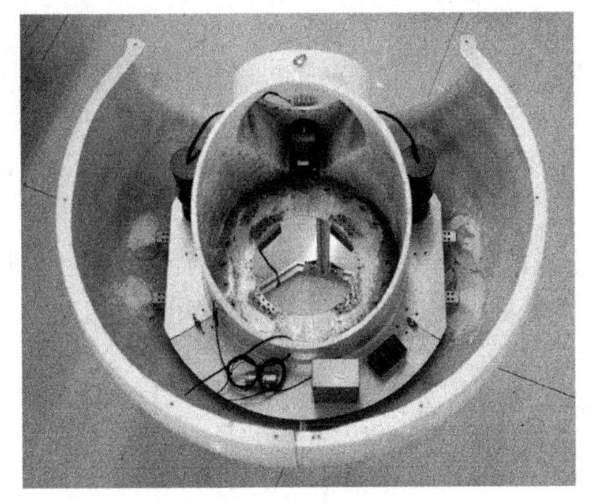

图 1-4-4 机舱部件示意图

图 1-4-5 发电机部件示意图

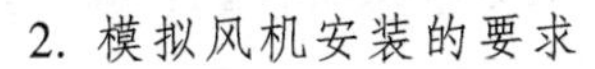

2. 模拟风机安装的要求

1）机组装配前需要组织全体参加安装操作的人员进行技术、安全交底。所有施工人员必须明确任务，了解风力发电机组的安装程序。

2）参加装配作业的人员应按规定正确穿戴安全帽、安全鞋，做到领紧、袖紧、下摆紧。

3）装配现场必须设置围栏和警告标志，禁止行人通过或在起吊物下逗留。

4）塔架平台放置物品应远离缝隙位置，防止跌落。

5）塔架及机舱吊装时禁止将手臂放置于法兰连接平面。

图 1-4-6 风轮部件示意图

6）吊装过程中注意吊点的准确，慢起慢落，

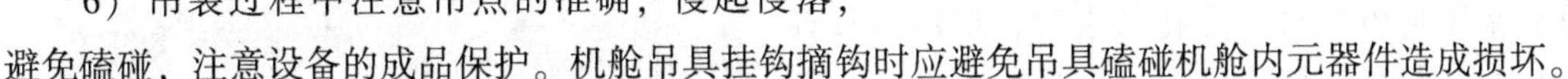

避免磕碰，注意设备的成品保护。机舱吊具挂钩摘钩时应避免吊具磕碰机舱内元器件造成损坏。

7）每次吊装前检查吊具和吊耳等是否存在损坏现象，避免事故发生。

8）在各部件安装的过程中，各工种做好相互之间的配合，工作有条不紊，忙而不乱，同时遵循“三不伤害”的原则，提高自我保护意识，做好安全互保，防止出现意外。

9）施工用的工器具应在指定的地点堆放。

10）施工区域应拉起警戒绳进行防护，严禁非作业人员进入。

11）及时清除施工作业区的垃圾和废弃物，保持施工区域的整洁。

12）工具放置在工具箱内，螺钉、螺母按照规格放置在相应的置物盒中。

13）零件在装配前应该清理并清洗干净，不得有毛刺、翻边、锈蚀、切屑、油污、着色剂和灰尘等。

14）装配前对应零部件的主要配合尺寸（特别是过盈配合尺寸以及相关精度）进行复查。精钳工修整的配合尺寸应由装配人员复查，合格后方可装配。

15）除有特殊规定外，装配前应将零件尖角和锐边倒钝。

16）装配过程中零件不允许磕伤、碰伤、划伤和锈蚀。

17）未干的零部件不得进行装配。

18）对每一装配工序，都要有装配记录。

3. 螺钉、螺栓连接要求

1）螺钉、螺栓和螺母预紧时严禁击打或使用不适当的旋转工具和扳手。预紧后螺钉槽、螺母和螺钉、螺栓头部不得损坏。

2）同一零件用多件螺钉或者螺栓连接时，各螺钉或螺栓应交叉、对称、逐步、均匀拧紧。宜分两次拧紧，第一次先预拧紧，第二次完全拧紧，这样保证连接受力均匀。如有定位销，应从定位销开始。

3）螺钉、螺栓和螺母拧紧后，其支撑面应与被预紧零件贴合。

4）螺母拧紧后，螺栓头部应露出2~3个螺距。

5）沉头螺钉预紧后，沉头不得高出沉孔断面。

6）严格按图样和技术文件规定等级的预紧件装配，不得用低等级预紧件代替高等级的预紧件进行装配。

4. 吊车的使用安全

1）进行起重作业前，起重机司机必须检查各装置是否正常。

2）安全装置是否齐全、可靠、灵敏，严禁起重机各工作部件带病运行。

3）起重机只能垂直吊起重物，严禁拖拽尚未离地的重物，避免侧面载荷。

4）在起吊较重物件时，应先将重物吊离地面10cm左右，检查起重机的稳定性和制动器等是否灵活和有效，在确认正常的情况下方可继续工作。

5）严禁吊物上站人，严禁吊物超过人顶，严禁一切人员在吊物下站立和通过。

6）起重机在进行起吊时，禁止同时用两种或两种以上的操作动作。严禁斜吊、拉吊和快速升降。严禁吊拔埋入地面的物件，严禁强行吊拉吸贴于地面的面积较大的物体。

7）用两台起重机同时起吊一重物时，必须服从专人的统一指挥，两机的升降速度要保持相等，其对象的重量不得超过两机所允许的总起重重量的75%。绑扎吊索时，要注意载荷的分配，每车分担载荷不能超过所允许最大起重重量的80%。

8）起重机在工作时，吊钩与滑轮之间应保持一定的距离，防止卷扬过限把钢缆拉断或吊臂后翻。在吊臂全伸变幅至最大仰角且吊钩降至最低位置时，卷扬滚筒上的钢缆应保留3匝以上。

9）不允许吊起的重物长时间于空中停留，龙门吊吊装重物时，司机和地面指挥人员不得离开，小型龙门吊示意图如图1-4-7所示。

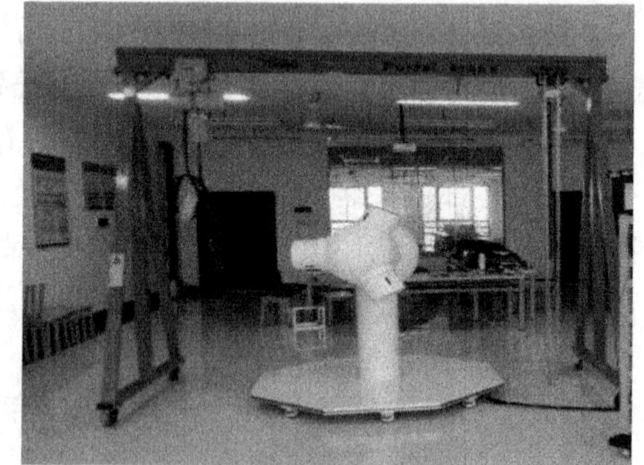

图1-4-7　小型龙门吊示意图

五、实训评价

实训评价表见表1-4-1。

表 1-4-1 实训评价表

评价	评分细则(本项配分扣完为止)	配分	得分
模拟风机零部件的认识	模拟风机结构名称及作用考核,错一处扣 0.5 分	2	
安装规范的一般要求	模拟风机的安装规范考核,错一处或漏一处扣 0.2 分	2	
螺钉、螺栓的连接要求	模拟风机的螺钉连接操作考核,错一处或漏一处扣 0.2 分	2	
吊车的安全事项	手拉葫芦吊车的安全操作考核,错一处或不规范一处扣 0.5 分	3	
“6S”规范	整理(SEIRI)、整顿(SEITON)、清扫(SEISO)、清洁(SEIKETSU)、素养(SHITSUKE)、安全(SECURITY)考核,每发现一处扣 1 分	1	
得分		10	

项目拓展

双馈风力发电机组现场安装准备

现以某 2MW 双馈风力发电机组为例说明双馈风力发电机组现场安装的各项准备工作。

一、风力发电机组安装前的各项准备工作

1. 双馈风力发电机组的结构

图 1-5-1 所示为双馈风力发电机组的机械结构图，其主要由叶片、轮毂、主轴承、主轴、齿轮箱、传动系统、发电机、偏航系统、底盘、润滑系统、控制柜、通风系统、塔架和基础等组成。该机组通过风力推动叶轮旋转，再通过传动系统增速来达到发电机的转速后来驱动发电机发电，有效地将风能转化成电能。

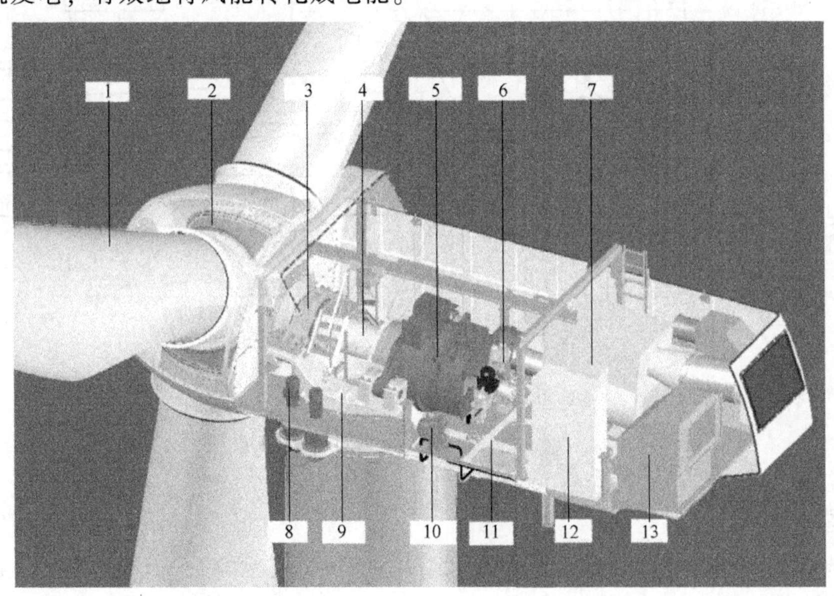

图 1-5-1 双馈风力发电机组的机械结构图

1—叶片 2—轮毂（含变桨系统） 3—主轴承 4—主轴 5—齿轮箱
6—高速轴及制动器 7—双馈发电机 8—偏航系统 9—机舱底盘 10—润滑系统
11—舱内维修平台 12—舱内控制柜 13—通风系统

2. 安全准备

双馈风力发电机组现场安装的各项安全要求与直驱风力发电机组现场安装的安全要求（项目一任务二）基本相同，这里不再赘述。

3. 风电机组的施工现场准备

（1）道路要求

所有通向安装现场的道路设计，都应该考虑到载货汽车和起重机的使用，某 2MW 双馈风力发电机组叶片长达 40m 以上、机舱重 90t，因此要求进场道路满足：道路宽度大于 5m，转弯半径大于 35m，坡度不大于 15°，限高大于 5m，道路要求平坦，沙石路面即可，但需要夯实垫平。

（2）安装区域

根据地基和工作区域图（见图 1-5-2）划分各设备摆放区域（可根据现场工作区的实际情况调整摆放位置），以便吊卸工作有秩序进行。吊卸后要求把各部件直接摆放到各个吊装的位置，保证在吊装过程中一次完成风力发电机组的安装。

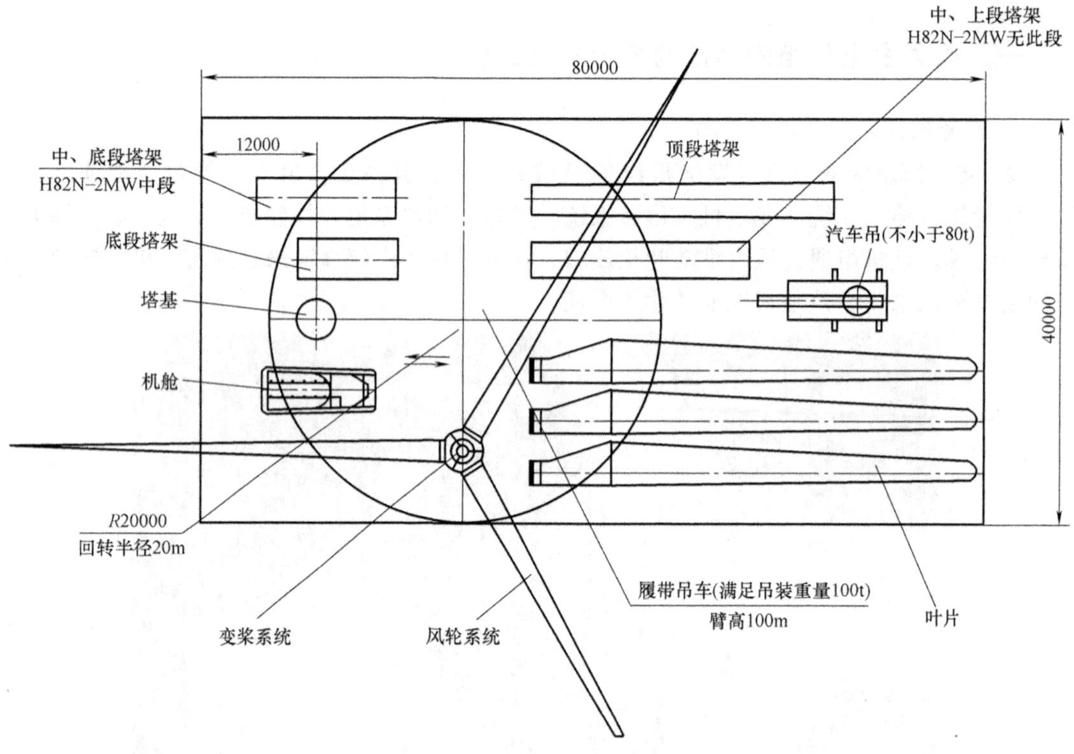

图 1-5-2　地基和工作区域图

（3）施工现场

由于风力发电机组部件运输周期长，又是超大超长货物运输，采用大型起重设备，为了减少机组部件的二次运输，所以现场要满足机组全部部件能够卸车和起重机组装，又不妨碍现场道路通行等条件，要求基础环的周围有相对平整的场地，无妨碍吊装作业的树木和其他设施，并保证机组部件运输车辆和起重机能到达指定位置；临时电源离基础环 50m 左右，如有条件施工现场应有水源。

(4) 起重机要求

根据机组部件实际重量，塔架和叶片卸车推荐选用80t汽车吊配合200t汽车吊完成，变桨系统卸车推荐选用80t汽车吊，机舱卸车推荐选用200t汽车吊（也可根据零部件的实际重量、安装公司的吊车规格和现场实际情况选择合适的汽车吊）。

二、塔架的卸载与存放

1. 总体情况

在条件允许的情况下，最好用两台吊车卸载塔架（最安全操作）。若现场条件不允许，可用一台吊车卸载。

⚠此操作的极限风速为15m/s。

2. 准备工作

1）准备塔架现场储存工装（若需在现场停放一段时间的话）。

2）拆除所有将塔架固定在平板车上的工装（法兰支撑、吊链、吊带等），不要拆下防水油布。

3）目视检查要使用的编织吊带表面有无裂口，裂口可能会影响到内部纤维。

3. 用两台吊车卸载塔架

1）用两根扁平吊带卸载塔架：

① 最小长度：20m。

② 最小宽度：30cm。

③ 单根最小极限工作载荷30t，吊带分别固定在距上、下法兰1m和2m的位置，如图1-5-3所示。

⚠吊带的任何位置都不能扭曲（接触位置和不接触位置都不能扭曲）。

2）拉紧吊带，检查吊带是否固定在指定位置，然后水平吊起塔架至地面2m高的位置。

⚠无论何种情况吊起的重物下都不允许站人。

3）若为了给吊车或存储塔架腾出空间，则必须开走载货汽车，若在操作过程中不需开走载货汽车，则任何人都不可停留在载货汽车内或载货汽车附近。

图1-5-3 塔架的卸载

4）缓慢地将塔架吊运至存储地点。吊运塔架过程中要保持绝对水平，如图1-5-4所示。

5）若有必要，移动运输和存储工装。

6）将塔架存放于地面，存放点必须尽量坚实且水平。

4. 用一台吊车卸载塔架

1）只有在现场条件不允许用两台吊车同时操作的情况下才可用一台吊车卸载塔架，且

必须得到风电现场负责人的同意。此外，只有下列条件满足的前提下才可用一台吊车卸载塔架：

① 风速小于 12m/s。

② 塔架干燥。

③ 吊带干燥。

2）用两根满足如下要求的扁平吊装带卸载塔架：

① 最小长度：20m。

② 最小宽度：30cm。

③ 单根最小极限工作载荷（WLL）30t。

图 1-5-4　两台吊车吊运塔架现场

3）将两根吊带分别固定在距塔架重心约 1.5m 的位置（每根吊带与塔架重心的距离为 1.5m，见图 1-5-5），每段塔架的重心可见运输手册。

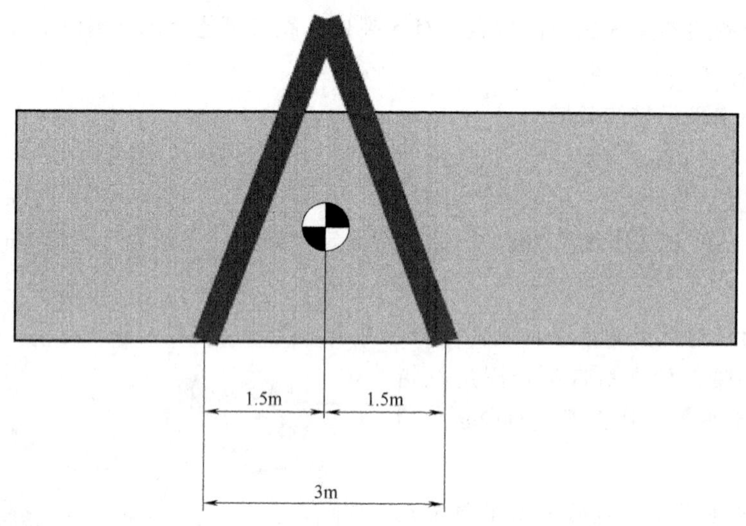

图 1-5-5　单台吊车卸载塔架吊点位置示意图

⚠吊带的任何位置都不能扭曲（接触位置和不接触位置都不能扭曲）。

4）在塔架两端法兰上各固定一根缆风绳（最小长度为 30m），以便于控制塔架的运输方向。

5）拉紧吊带，检查吊带是否固定在指定位置。然后稍稍吊起塔架（约几厘米），检查塔架是否绝对水平。若发现有任何不稳定现象，将塔架放回平板车，重新固定吊带以消除不稳定因素。

6）将塔架吊至约 2m 高度，时刻检查塔架是否水平。

⚠任何情况下吊起的重物下都不允许站人。

7）若为了给吊车或存储塔架腾出空间，则必须开走载货汽车。若在操作过程中不需开走载货汽车，则任何人都不可停留在载货汽车内或载货汽车附近。

8）缓慢地将塔架吊运至存储地点，塔架吊运过程中要保持绝对水平。

9）若有必要，移动运输和存储工装。

10）将塔架存放于地面，存放点必须尽量坚实且水平，如图 1-5-6 所示。

图 1-5-6　塔架卸车后的存放

5. 存放条件

1）塔架存放所用的工装类同于塔架运输时所用工装，吊装塔架之前才可将固定在塔架两端的防水油布拆下，如图 1-5-7 所示。

图 1-5-7　塔架卸车后的存放

2）存放地点必须足够坚实，否则必须采用一定的措施达到同等效果。

6. 所用设备和工具

塔架卸载所需的设备及工具见表 1-5-1。

表 1-5-1　塔架卸载所需的设备及工具

序号		设备		工具		
		名称	数量	名称	规格	数量
方案 1	1	吊车 50t	2 台	扁平吊装带 30t×20m	30t×20m；宽 300mm	2
	2			缆风绳 ϕ12mm×30m	ϕ12mm×30m，载荷：12000N，材料：PP-blue	2
方案 2	1	吊车 400t	1 台	扁平吊装带 30t×20m	30t×20m	2
	2			缆风绳 ϕ12mm×30m	ϕ12mm×30m，载荷：12000N，材料：PP-blue	2

三、叶片的卸载与存放

1）叶片在现场存放时，要注意顺当地主风向摆放，并且相邻叶片之间的距离至少为1m，叶片存放时距离地面间隙至少 10cm。如遇到山坡，摆放时要将叶尖朝向下坡，顺着山坡摆放，并把叶片尾部的支架垫高。同时要保证 3 个叶片方向一致，并且将叶片支架与叶片固定牢固。如果长期存放，应定期检查叶片固定情况。为防止叶片被风吹倒造成叶片损坏，建议用角钢将叶片支架焊接到一起。

2）在叶片的根部有一个平面支架和叶片的 6 个螺栓（叶片厂家不同，支架不同螺栓数也不同）固定在一起支撑着叶片，距叶根 31.75m 附近的地方有一个方形的支架，叶片穿过支架中间，支架上用防护垫（毛毡或毯子）垫着叶片的下部。这两个架子上面的横梁上左右都有吊耳，挂吊具时通过卸扣挂上钢丝绳就可以起吊叶片了，不过这种情况下需要两台吊车的配合；如果现场没有两台吊车，也可以用一台吊车完成把叶片卸到安装准备位置的工作，示意图如图 1-5-8所示。

图 1-5-8　叶片的卸车

3）叶片重约 8.5t，使用扁吊装带卸车。根据叶片的重心（叶片上有标记），装好吊具后，调整叶片吊梁水平，即可起吊。不过第二种方法在卸车的过程中以及后面组装叶片的过程中，要分别用 U 形叶片护板和 V 形叶片护板保护好叶片的前缘和后缘。

4）叶片卸载所需的设备及工具见表 1-5-2。

表 1-5-2　叶片卸载所需的设备及工具

序号		设备		工具		
		名称	数量	名称	规格	数量
方案 1	1	吊车 25t	2	压制钢丝绳索具	WAW08-10M	2
	2			卸扣 t-BW12.5	T-BW12.5	4
	3			缆风绳 ϕ12mm×30m	ϕ12mm×30m，载荷：2000N，材料：PP-blue	2
方案 2	1	吊车 50t	1	扁平吊装带 10t×12m	10t×12m，宽：300mm	2
	2			叶片专用吊梁 10t×5m	10t×5m	1
	3			U 形叶片护板		2
	4			V 形叶片护板		2
	5			圆形吊装带 8t×5m	8t×5m	2
	6			卸扣 T-BW12.5	T-BW12.5	6
	7			缆风绳 ϕ12mm×30m	ϕ12mm×30m，载荷：2000N，材料：PP-blue	2

四、机舱的卸载与存放

⚠此操作的极限风速为 15m/s。

1. 卸载机舱

1）运输车将机舱运到塔基的附近，具体的卸车地点应视场地条件确定，机舱在现场停放时要保证机舱运输架水平。

2）机舱吊具安装：打开机舱的外包装，按图 1-5-9 的方法在吊钩上挂好整机专用吊具，缓缓下放吊钩到合适的位置，分别把各吊链的挂钩通过卸扣连接到主机架的起吊孔上。

⚠往吊点上安装吊具时，要注意脚下，避免踩空或损坏机舱部件。

3）挂好吊具后，缓缓提升吊钩。待机舱运输架脱离运输车后，吊车暂停。运输车迅速驶离工作地点，然后再缓缓下放吊钩，将机舱平稳地放至指定地点。卸车后要观察机舱运输架是否有沉陷。如果由于客观原因不能一次将机舱放至指定地点，可以在第一次的初卸车后做二次调整，直到将机舱放到合适的地点为止。

4）卸下吊具。注意不要碰坏机舱零部件。

5）仔细查看机舱罩是否有裂痕或者破损，机舱内设备是否有损坏或者缺失（运输中易损坏、易丢失部件），机舱内各部件的防腐涂层是否有脱落，如发现问题，拍照并做好记录。

图 1-5-9 整机专用吊具与整机的连接

6）上述工作完成后，用篷布盖好机舱。如要长期存放，则要定期检查篷布的固定，顶部支撑木的固定，背板螺栓的固定等内容，以防因保管不当造成设备意外损坏。

⚠着重检查顶部支撑木与尾部机舱罩固定情况，防止尾部机舱罩因没有固定好被风吹坏。

2. 卸载机舱罩顶盖、机舱尾翼及其他附件

1）如图 1-5-10 所示，用 8t 吊车通过两根压制钢丝绳索具 WAW06-20M 和 4 个卸扣 T-BW2 吊住机舱上罩顶部后面的两个吊耳和前面的护栏，然后系好缆风绳。

2）在缓缓起升吊钩的同时，卸车人员要扶好机舱罩，避免因吊钩的不垂直晃动或风吹而碰坏机舱罩。

3）同样方法连机舱尾翼支架工装一起卸下机舱尾翼，如图 1-5-11 所示，预装机舱前再用两个两用扳手将机舱尾翼从其支架工装上拆卸下来，然后将螺栓等紧固件重新连接到机舱尾翼支架工装上。

4）将机舱密封板上片等其他附件抬下运输车。

5）清洗机舱罩：用砂纸、抹布、清洗剂、水桶和水清除机舱罩上面的灰尘和污迹。严禁使用丙酮、汽油和酒精等有机溶剂进行清洗。

3. 所用设备和工具

机舱卸载所需吊车 100t、25t 各 1 台，所需设备及工具见表 1-5-3。

图 1-5-10　机舱顶盖的卸车

图 1-5-11　机舱尾翼及支架工装

表 1-5-3　机舱卸载所需的设备及工具

<table>
<tr><th colspan="2" rowspan="2">序号</th><th colspan="4">工具</th><th colspan="2">辅助材料</th></tr>
<tr><th>规格</th><th>名称</th><th>规格</th><th>数量</th><th>名称</th><th>数量</th></tr>
<tr><td rowspan="7">机舱</td><td rowspan="6">1</td><td rowspan="6"></td><td rowspan="6">整机专用吊具(包括 1 根整机专用吊梁、2 根圆形吊装带 55t×1.5m、2 根圆形吊装带 30t×2.2m、2 根单肢可调吊链 20t×3m、4 个卸扣 S-BW35-2、2 个卸扣 S-BW55-21/2 等)</td><td rowspan="6">80t</td><td rowspan="6">1</td><td>方木 400mm×400mm ×3000mm</td><td>2</td></tr>
<tr><td>清洗剂</td><td>按需</td></tr>
<tr><td>砂纸</td><td>按需</td></tr>
<tr><td>抹布</td><td>按需</td></tr>
<tr><td>水桶</td><td>2</td></tr>
<tr><td>水</td><td>按需</td></tr>
<tr><td>2</td><td></td><td>缆风绳 φ12mm×30m</td><td>φ12mm×30m 载荷:2000N,材料:PP-blue</td><td>2</td><td></td><td></td></tr>
<tr><td rowspan="4">机舱罩</td><td>1</td><td></td><td>压制钢丝绳索具 WAW06-20M</td><td>WAW06-20M</td><td>2</td><td>方木 400mm×400mm ×3000mm</td><td>4</td></tr>
<tr><td>2</td><td>JB/T 25854—2010</td><td>卸扣 T-BW2</td><td>T-BW2</td><td>4</td><td>清洗剂</td><td>按需</td></tr>
<tr><td>3</td><td></td><td>缆风绳 φ12mm×30m</td><td>φ12mm×30m,载荷:2000N,材料:PP-blue</td><td></td><td>砂纸</td><td>按需</td></tr>
<tr><td>4</td><td>GB/T 4388—2008</td><td>两用扳手</td><td>18</td><td>2</td><td></td><td></td></tr>
</table>

五、风轮的卸载与存放

1）先利用 25t 吊车和 5m 以上的直爬梯相配合，揭开包装篷布，然后爬上轮毂，打开轮毂顶部中间的包装盖板，用钢丝钳（200mm）卸去上盖板。

2）在预定的风轮放置点，按轮毂装配运输架的纵梁间距放置好两个方木。

图 1-5-12　风轮的卸车

3）如图 1-5-12 所示，利用 25t 吊车将风轮专用吊具从轮毂的顶口倾斜放入轮毂，专用吊具按顶口直径方向摆正后缓缓吊起。

4）运输车迅速驶离工作地点，放低吊钩把带轮毂装配运输架的风轮准确地放置到两根方木上。注意按将来装叶片时的方向放置风轮，如有必要则调整两个方木的方向。如果卸车点不是预期的位置，可以做二次调整。

5）卸下风轮后，吊钩下降一些；然后人为地上下倾斜专用吊具并使其一端探出轮毂顶口，接着提升吊钩把专用吊具完全吊出轮毂；最后转移吊钩位置，放下风轮专用吊具。

6）重新盖上盖板，并用低碳钢丝（YB/T 5294—2009）固定到轮毂顶部的支架上。再用篷布封住上部，避免雨水落进内部的电气设备里；如需长期存放，在卸车过程中一定不要损坏篷布；存放过程中要定期检查篷布的固定情况，以防因保管不当造成设备意外损坏。

7）检查风轮合格证，确认无误后妥善保存。仔细检查导流罩是否有裂痕或者破损处，风轮内设备是否有损坏或者缺失，拍照并做好记录。

8）所用设备为：1 台 25t 吊车。所需工具及辅助材料见表 1-5-4。

表 1-5-4 风轮卸载所需的工具及辅助材料

序号	工具				辅助材料	
	代号	名称	规格	数量	名称	数量
1		轮毂专用吊具	25t	1	低碳钢丝（YB/T 5294—2009）	1m
2		直爬梯 5m	5m	1		
3	QB/T 2442. 1—2007	钢丝钳 200mm	200mm	1		

六、附件的卸载与存放

附件包括塔基平台、塔基柜、电缆和机舱尾翼等。这些物品体积较小而且有包装，可在现场找合适的位置存放。如风力发电机组部件较多且风场较大，可把较小的附件统一放在一起，设专人看管以防被盗，用时再逐一运往风力发电机组处。注意：如果附件存放时间较长，需用篷布覆盖其表面，以防水、防尘。

所用设备为 1 台 25t 吊车，所需设备及工具见表 1-5-5。

表 1-5-5 附件卸载所需的设备及工具

序号	工具				辅助材料	
	代号	名称	规格	数量	名称	数量
1		压制钢丝绳索具 WAW07-5M	WAW07-5M	2	方木 400mm×400mm ×3000mm	2
2		扁平吊装带 10t×12m	10t×12m	2		

项目总结

1）请分别总结直驱风力发电机组和双馈风力发电机组现场安装前要做好哪些准备工作。

2）按小组分工撰写直驱风力发电机组现场准备工作方案（报告书或 PPT）。每一小组选派一人进行汇报。

3）小组讨论，自我评述项目实训过程中发生的问题及完成情况，小组共同给出提升方案和效率的建议。

项目二　风力发电机组的现场安装

项目描述

现有一批2MW直驱风力发电机组，需要安装在某风电场，现已做好了风力发电机组安装前的各项准备工作，风力发电机组各部件及配件都已运放到位，请根据风力发电机组的特点及风电场情况进行风力发电机组的现场安装工作。

项目目标

一、知识目标

1）掌握风力发电机组现场安装的工具使用方法及注意事项。
2）掌握风力发电机组部件现场安装、吊装的方法。

二、能力目标

1）能根据风力发电机组现场安装手册做好塔架的吊装。
2）能根据风力发电机组现场安装手册做好机舱的吊装。
3）能根据风力发电机组现场安装手册做好发电机的吊装。
4）能根据风力发电机组现场安装手册做好叶轮的组装和吊装。

三、素质目标

1）具有获取、分析、归纳、交流、使用信息和新技术的能力。
2）具有团队合作意识。
3）具有一定的口头与书面表达能力、人际沟通能力。
4）具有吃苦耐劳的精神。

项目任务

任务一　风力发电机组塔架的吊装

一、塔基及塔架的检查

确认风力发电机组基础已验收，填写《风力发电机组基础验收表》。此外，还应满足以下要求：

1）基础周围没有大洞或沟堑，有可供吊车出入的通道。

2）基础无裂缝。

3）基础法兰没有锈蚀、毛刺、突点及表面油污，如有的话应进行处理，方法如图 2-1-1 所示。

4）基础法兰内外无杂物。

5）基础法兰水平平面度满足设计要求（见图 2-1-2）。

6）基础法兰接地条焊接完毕并符合设计要求。

图 2-1-1 清理基础法兰

图 2-1-2 测量基础法兰平面度

7）检查塔架内的连接螺栓有无松动，安全滑道是否处于正常工作状态。

8）检查塔架外表面是否有灰尘及油污等，清理干净后再吊装。

9）清理塔架各螺纹孔，清理基础环的上法兰面。

10）对于塔架在运输及卸载过程中发生的涂层损伤应及时进行修补。

二、塔架吊装前的准备

1. 工器具的准备

塔架吊装前要准备好以下工器具，见表 2-1-1。

表 2-1-1 安装前准备工器具明细表

序号	名称	规格/代号	数 量	备 注
1	柴油发电机	220V/380V 15kW	1	安装公司提供
2	线盘	220V/380V 100m	2	安装公司提供
3	对讲机	TC-610/TK3201	5	
4	手持式风速计		1	

2. 电缆的摆放

1）按不同机型塔架电气清单中规定的长度现场剪裁主电缆，以某公司生产的 2MW 风力发电机组为例，其电缆长度见表 2-1-2。

表 2-1-2 风力发电机组电缆

序号	机型	塔架高度	主电缆规格	数量	单根长度	备 注
1	XE93D-2000	80m	H07RN-F1×240mm^2	12 根	90m	
2	XE96D-2000	100m	H07RN-F1×240mm^2	12 根	115m	

2）将电缆固定在顶段塔架的线夹上，拉直电缆排列整齐，依次从上至下拧紧电缆夹螺钉，如图 2-1-3 及图 2-1-4 所示。

图 2-1-3　主电缆剪裁图

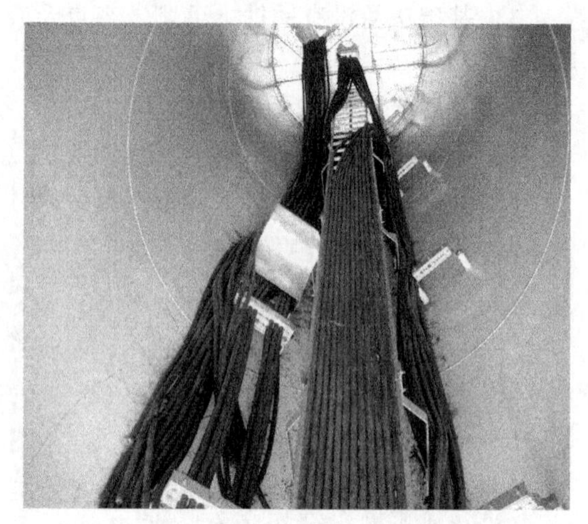

图 2-1-4　顶段塔架内主电缆铺设

3. 法兰内物品放置

塔架吊装前要将以下物品事先放在基础法兰内，见表 2-1-3。

表 2-1-3　先放在基础法兰内物品明细表

序号	名称	规格/代号	数　量	备　注
1	塔架/基础段连接螺栓组	螺栓规格 M48×303	112	77.5m 塔架
		螺栓规格 M48×425	130	100m 塔架
2	二硫化钼(MoS_2)润滑脂	MOLYKOTE 1000 PASTE	2 桶	
3	塔架安装导销	ϕ49.5	3 根	
4	呆扳手	75mm	2 把	
5	电动扳手	1″600N · m	2 把	
6	六角套筒	1″75mm	2 只	
7	六角套筒	1-1/2″75mm	2 只	
8	电动泵		2 台	
9	1″驱动方头扳手头	500～5000N · m	2 把	
10	1-1/2″驱动方头扳手头	8000N · m	2 把	
11	高压油管	6m，0～700bar	6 根	
12	毛刷		4 把	安装公司提
13	铁榔头		1 把	安装公司提

4. 连接螺栓组及安全绳的准备

1）所有塔架/基础段连接螺栓组按图 2-1-5～图 2-1-8 所示涂 MoS_2 润滑脂 MOLYKOTE 1000 PASTE，并将螺栓组成套（螺栓、螺母、垫圈一致）摆放在基础法兰周圈孔位下方。

2）将以下物品（见表 2-1-4）装放在底段塔架顶部的平台上并固定好，如图 2-1-9 所示。

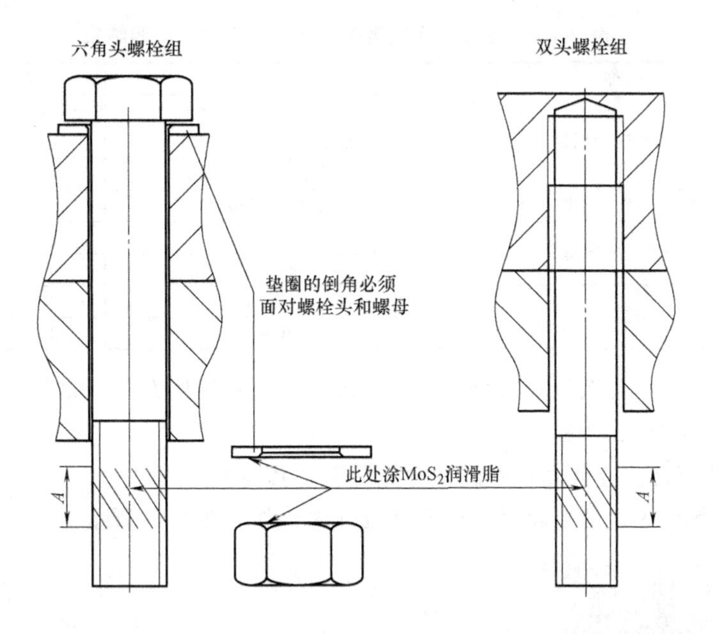

图 2-1-5 螺栓组润滑部位示意图

图 2-1-6 螺栓涂 MoS_2 润滑脂

图 2-1-7 螺栓组涂 MoS_2 润滑脂

图 2-1-8 螺栓组摆放在基础环内

图 2-1-9 螺栓组及工具放在塔架顶部平台

表 2-1-4　先放在底段塔架顶部平台上的物品明细表

序号	名称	规格/代号	数　量	备　注
1	中段塔架连接螺栓组	螺栓规格 M36×240	152	77.5m 三段塔架
		螺栓规格 M36×240	144	77.5m 四段塔架
		螺栓规格 M45×410	140	100m 塔架
2	二硫化钼(MoS_2)润滑脂	MOLYKOTE 1000 PASTE	2 桶	
3	塔架安装导销	$\phi37$	3	77.5m 塔架
		$\phi46.5$	3	100m 塔架
4	呆扳手	65mm	2	80m 塔架
		70mm	2	100m 塔架

3）在塔架底部任意系两根安全绳，用以起吊时控制塔架方向，如图 2-1-10 所示。

5. 活动平台组装及定位

活动平台装配之前应认真查看图样并充分理解其要求。

1）将活动平台焊接框架起吊至塔架基础环内，如图 2-1-11 所示。

图 2-1-10　在塔架底部系安全绳

图 2-1-11　起吊活动平台焊接框架至塔架基础环内

2）调整活动平台焊接框架在基础环内的位置和活动平台支腿地脚螺栓，保证活动平台高度尺寸“1700mm”。

3）在基础环上画出塔架出门的位置中心线，并画出此中心线对应的法兰十字中心线，以此十字中心线为安装基准线，安装时保证图样规定的定位尺寸，如图 2-1-12 及图 2-1-13 所示。

4）分别起吊变频器、主控柜、水冷柜和主控柜等至图样规定的活动平台上位置并固定。

5）待底段塔架安装后，电抗柜再从其顶部起吊、下落至底段平台 B 上。

6）在基础法兰端面上均匀涂一圈 Sikaflex-252 或功能相当的密封胶，如图 2-1-14 所示。

7）按风场安装工具清单中内容准备好塔架吊装工具。

6. 安装塔架吊具

1）按图 2-1-15 所示位置安装塔架顶部吊具，同一组吊耳相距螺栓孔数以 10~12 个为宜。

2）按图 2-1-16 所示位置安装塔架底部吊具：吊耳相距螺栓孔数以 8~10 个为宜。

3）紧固塔架吊具螺栓组，并用电动扳手施加 500N · m 的紧固力矩。

图 2-1-12　标记法兰十字中心线图

图 2-1-13　检测活动平台与法兰十字中心线偏差

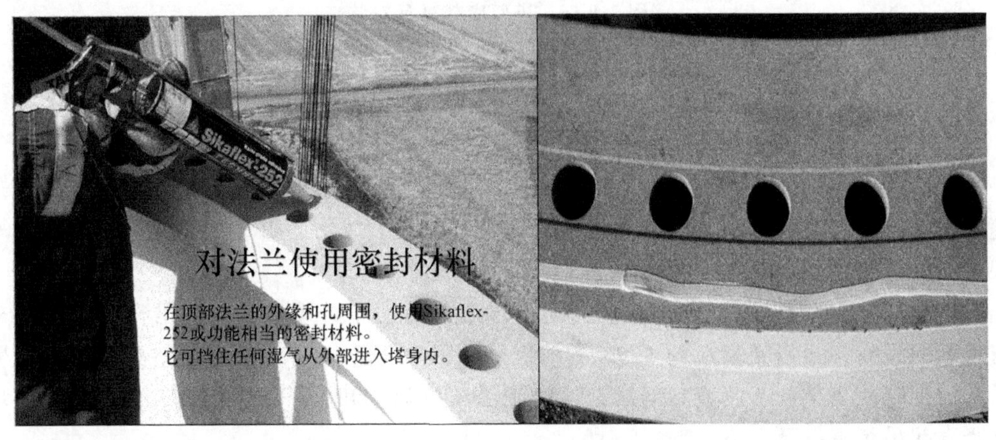

图 2-1-14　法兰端面上均匀涂一圈密封胶

图 2-1-15　塔架顶部吊具安装

图 2-1-16　塔架底部吊具安装

三、底段塔架吊装

1）底段塔架的吊装：起吊前依据吊车上的风速测量装置并结合手持式风速计确定现场风速是否满足吊装条件。如天气及风速、设备等均满足要求方可开工。将主吊车与副吊车和塔架吊具相连（主吊与塔架上吊具相连），准备起吊。

2）主副吊车同时起吊，待塔架离开地面以后，主吊车继续提升，副吊车则调整塔架底端与地面的距离，当塔架离地约 1.5m 的时候，副吊车停止上升。通过调整副吊车的大臂及主吊车的配合使塔架处于垂直状态后，这时副吊车脱勾，卸去塔架下吊具。由主吊车将塔架缓慢竖直起吊至基础环上方。

3）该过程如图 2-1-17、图 2-1-18 及图 2-1-19 所示。

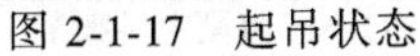

图 2-1-17 起吊状态

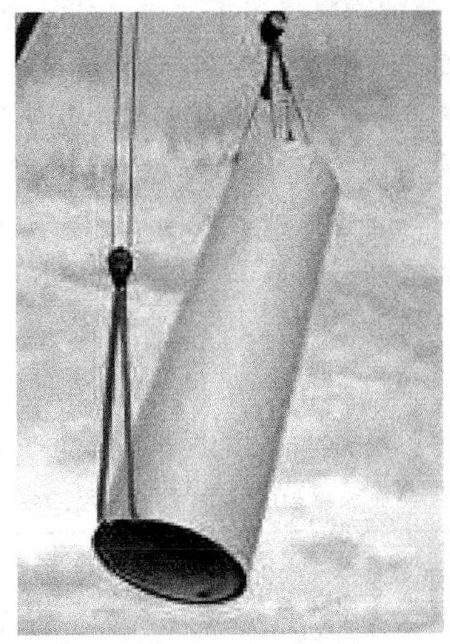

图 2-1-18 翻转状态

图 2-1-19 垂直状态

4）根据基础环外表面的塔架门中心线标记，并结合塔架门中心线标记，通过导引绳索使塔架向要求位置缓缓靠拢，如图 2-1-20 所示。

图 2-1-20 基础法兰上塔架门标记

5）当两者中心线标记基本重合时，基础法兰内的工作人员通过塔架安装导销使塔架与基础法兰对接上，取掉导引绳索。然后将存放在基础法兰内的连接螺栓组迅速安装到位，并用电动扳手按 500N・m对称紧固所有螺栓，如图 2-1-21、图 2-1-22 所示。

6）用塞尺检测塔架下端法兰与基础法兰之间的间隙，其值要求不大于 1mm。

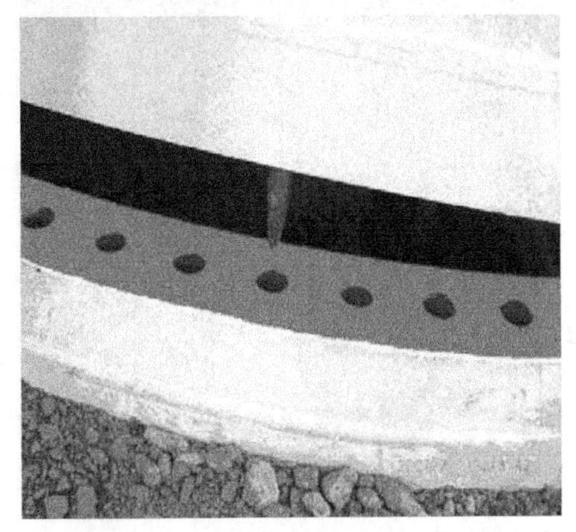

图 2-1-21 底部塔架与基础法兰对接

图 2-1-22 紧固基础法兰与底段塔架螺栓

7）打开底段塔架底段上平台的物料口盖板，将电抗柜通过底段上平台的物料口通道缓慢下落至底段下平台上规定位置并用连接螺栓组固定。

注：塔架吊装过程中，风速应小于10m/s。当平均风速超过10m/s（轮毂高度10min平均值）或阵风超过12m/s（轮毂高度2s平均值）时，切勿安装塔架。第三节塔架和机舱不能在同一天吊装完成时，应将第三节塔架推迟到机舱吊装的前一刻吊装，如第三节塔架已经吊装，由于风速过大不能起吊机舱时应把第三节塔架吊下！

四、中、顶段塔架的吊装

1）将以下物品（见表2-1-5）装放在中段塔架顶部的平台上并固定好。

表2-1-5　装放在中段塔架顶部平台上的物品明细表

序号	名称	规格/代号	数量	备注
1	中段塔架连接螺栓组	螺栓规格 M36×230	112	77.5m 三段塔架
		螺栓规格 M36×230	112	77.5m 四段中塔架 1
		螺栓规格 M36×240	144	77.5m 四段中塔架 2
		螺栓规格 M42×450	134	100m 塔架中塔架 1
		螺栓规格 M42×430	110	100m 塔架中塔架 2
2	二硫化钼(MoS_2)润滑脂	MOLYKOTE 1000 PASTE	2桶	
3	塔架安装导销	ϕ37mm	3	77.5m 塔架
		ϕ43mm	3	100m 塔架
4	呆扳手	55mm	2	77.5m 塔架
		65mm	2	100m 塔架

2）起吊中段塔架，如图2-1-23所示，过程同底段塔架。中段安装后按附件《高强度螺栓组紧固件施工规范》及螺栓组施工力矩中规定紧固所有塔架螺栓（此工序也可放在机舱吊装完毕后一同进行）。

3）起吊顶段塔架，如图2-1-24所示，顶段塔架安装后必须在当天完成机舱的吊装，否则就不吊装顶段塔架。

图2-1-23　中段塔架的吊装

图2-1-24　顶段塔架的吊装

五、其他工作

1）按图 2-1-25 所示连接每节塔架楼梯滑道对接处。

2）安装塔架法兰之间的接地连接线，如图 2-1-26 所示。

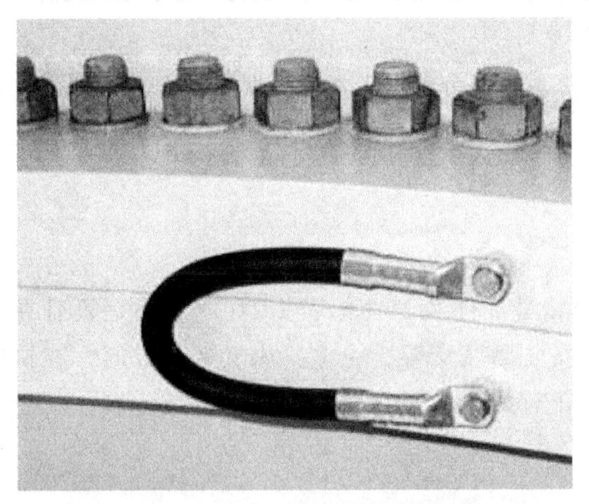

图 2-1-25 塔架楼梯滑道对接处

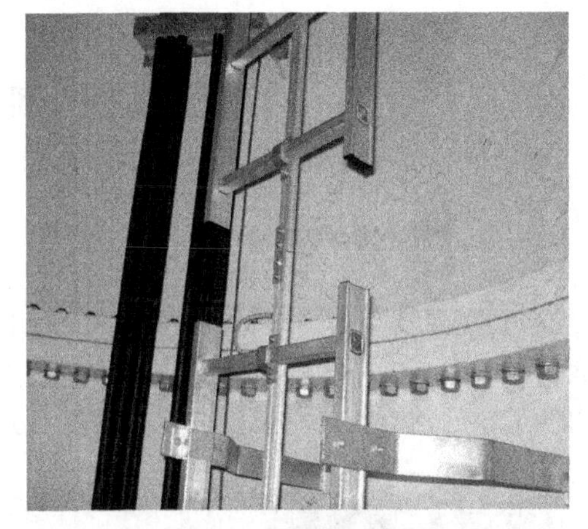

图 2-1-26 法兰之间接地连接线

3）如图 2-1-27 所示，将水冷风扇放置在塔架门下方并与塔架连接固定。

4）按图 2-1-27 所示装配塔架进门楼梯，其所需工具见表 2-1-6。

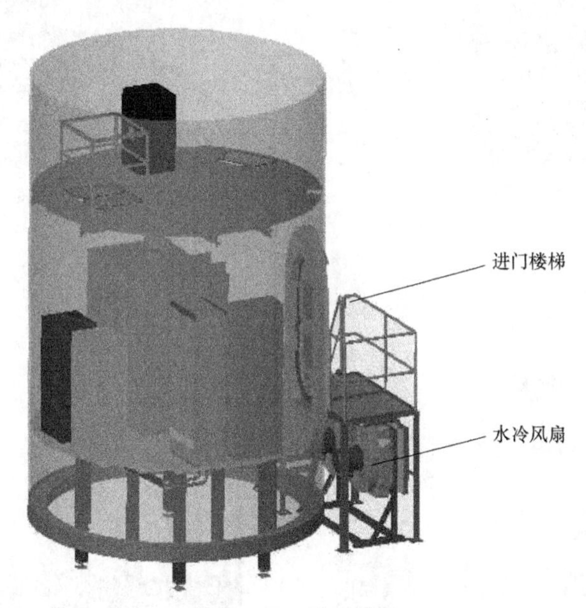

图 2-1-27 进门楼梯

表 2-1-6 塔架进门楼梯安装工具

序号	名称/规格	数量	备注
1	导正棒	3 根	
2	呆扳手/(46)	2 把	
3	电动扳手	1 套	

（续）

序号	名称/规格	数量	备注
4	液压扳手	1套	
5	套筒	2个	
6	玻璃胶	2瓶	
7	胶枪	1把	

任务二　机舱的组装与吊装

一、零配件的安装

1）测风支架的安装（见图2-2-1～图2-2-4，零部件及工具见表2-2-1）必须是机舱在地面放置时进行，一人在天窗外协助机舱内人员安装测风支架，注意测风支架的方向，在机舱内的天窗处面对测风支架，长管在左侧，短管在右侧。不要与吊带的使用出现干涉。

图2-2-1　拆卸垫板

图2-2-2　安装测风支架（一）

图2-2-3　安装测风支架（二）

图2-2-4　安装测风支架（三）

表2-2-1　安装测风支架用零部件及工具

序号	名称/规格	数量	备注
1	机舱	1	
2	测风支架	1	

（续）

序号	名称/规格	数量	备注
3	螺栓/(M10×55-8.8)	4	GB/T 5783—2016
4	垫圈/(10)	4	GB/T 97.1—2002
5	活扳手/(200×24)	1把	

2）机舱组装：拆除机舱与运输台车的连接螺栓，用辅助吊车将机舱吊起至机舱组装支架上并紧固，将两片左、右机舱底组件与机舱体用螺栓固定，结合部位外表面用密封胶密封处理，并安装吊物孔门及爬梯，如图 2-2-5～图 2-2-22 所示，零部件及工具见表 2-2-2。

图 2-2-5　机舱组装支架的放置

图 2-2-6　拆卸机舱运输支架上的连接螺栓

图 2-2-7　安装机舱吊装吊具（一）

图 2-2-8　安装机舱吊装吊具（二）

图 2-2-9　起吊机舱至机舱组装支架

图 2-2-10　连接机舱至机舱组装支架

图 2-2-11　安装左、右机舱底组件（一）

图 2-2-12　安装左、右机舱底组件（二）

图 2-2-13　安装左、右机舱底组件（三）

图 2-2-14　取吊带

图 2-2-15　连接并紧固所有连接螺栓（一）

图 2-2-16　连接并紧固所有连接螺栓（二）

图 2-2-17　结合部位打密封胶

图 2-2-18　安装吊物孔门

图 2-2-19　安装爬梯（一）

图 2-2-20　安装爬梯（二）

图 2-2-21　安装爬梯（三）

图 2-2-22　安装爬梯（四）

表 2-2-2　机舱组装用零部件及工具

序号	名称/规格	数量	备　注
1	机舱总成组装支架	1 套	
2	左机舱底组件	1 个	
3	右机舱底组件	1 个	
4	吊物孔门	1 个	
5	爬梯	1 副	
6	螺栓/(M10×50)	42 个	GB/T 5783—2016　不锈钢 A4-70

（续）

序号	名称/规格	数量	备　注
7	螺母/(M10)	42 个	GB/T 889.1—2015　不锈钢 A4-70 Ⅰ型
8	垫圈/(10)	84 个	GB/T 96.1—2002　不锈钢 A140
9	螺栓/(M10×40)	15 个	GB/T 5783—2016　不锈钢 A4-70
10	螺母/(M10)	15 个	GB/T 889.1—2015　不锈钢 A4-70 Ⅰ型
11	垫圈/(10)	30 个	GB/T 96.1—2002　不锈钢 A140
12	聚氨酯密封胶 AM-120C	2 瓶	
13	胶枪	1 把	
14	呆扳手/(17)	2 把	
15	活扳手/(200×24)	1 把	
16	活扳手/(450×55)	2 把	
17	电动扳手	1 套	

二、吊装前的准备

将偏航轴承与塔架连接的螺栓、垫片、电缆（6 卷）、机舱偏航处毛刷、底座与发电机定轴、轮毂与发电机动轴连接的标准件、电动扳手及手拉葫芦放在底座平台上，并固定好，如图 2-2-23～图 2-2-26 所示，零部件及工具见表 2-2-3。

图 2-2-23　在机舱内放置标准件

图 2-2-24　在机舱内放置电缆

图 2-2-25　在机舱内放置电缆

图 2-2-26　在机舱内放置电缆

表 2-2-3　底座平台上固定的零部件及工具

序号	名称/规格	数量	备　注
1	螺栓/(M30×290)	76 个	GB/T 5782—2016　达克罗
2	垫圈/(30)	76 个	GB/T 97.1—2002
3	螺栓/(M36×310)	48 个	JF1500C.20.153　达克罗
4	螺母/(M36)	48 个	GB/T 6170—2015　达克罗
5	垫圈/(36)	48 个	GB/T 97.1—2002　达克罗
6	螺栓/(M36×220)	48 个	GB/T 5782—2016
7	垫圈/(36-300HV)	48 个	GB/T 97.1—2002
8	电缆/(1×185)	6 根	
9	毛刷(偏航处)	2 把	
10	手拉葫芦/(5t)	2 只	

三、清洁

清洁底座与发电机连接法兰、偏航轴承与塔架连接面，工具见表 2-2-4。

表 2-2-4　清洁法兰及连接面用工具

序号	名称/规格	数量	备　注
1	大布	0.5m	

四、机舱的吊装（见图 2-2-27～图 2-2-32）

1）机舱吊装过程中风速小于 10m/s。

图 2-2-27　系缆风绳

图 2-2-28　安装导正棒

图 2-2-29　机舱吊装（一）

图 2-2-30　机舱吊装（二）

图 2-2-31　机舱吊装（三）

图 2-2-32　机舱吊装（四）

2）清洁塔架上段的上法兰面，并在法兰上端面呈 S 状涂上玻璃胶，螺栓上涂抹 MoS_2。

3）起吊前，系缆风绳，安装 3 根导正棒，起吊机舱至塔架上法兰面高约 100mm，用导正棒导正后慢慢放下机舱，法兰间距约 20mm 时停止，插入塔架与机舱连接螺栓，指挥吊车放下机舱，用电动扳手旋紧螺栓后，用液压力矩扳手按对角方向分三次力矩（820N · m、1230N · m、1640N · m）上紧螺栓，工具见表 2-2-5。

4）塔架毛刷的安装应在发电机吊装工作完成后进行。

表 2-2-5　连接机舱与偏航轴承用零部件及工具

序号	名称/规格	数量	备　注
1	导正棒	3 根	
2	呆扳手/(46)	2 把	
3	电动扳手	1 套	
4	液压力矩扳手	1 套	
5	套筒/(46)	2 个	
6	玻璃胶	2 瓶	
7	胶枪	1 把	

任务三　发电机的吊装

一、吊装准备

1. 吊具的安装

1）首先安装发电机翻身吊具用于发电机翻转，并在 U 形卸扣上挂两根钢丝绳，如

图 2-3-1及图 2-3-2 所示，零部件及工具见表 2-3-1。注意：翻身吊具与横梁成 90°，位置在拉门的正上方。

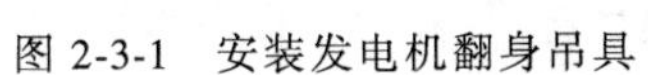

图 2-3-1 安装发电机翻身吊具

图 2-3-2 发电机翻身吊具上挂钢丝绳

表 2-3-1 发电机翻转用零部件及工具

序号	名称/规格	数量	备 注
1	发电机	1 台	
2	发电机翻身吊具	1 套	
3	活扳手/(450×55)	1 把	
4	U 形卸口/(35t)	1 个	
5	钢丝绳/(ϕ28mm,2～3m)	1 根	
6	钢丝绳/(ϕ24mm,4～5m)	1 根	

2）安装发电机吊装工装：将发电机吊装工装通过两根钢丝绳分别挂在主吊钩上，两个手拉葫芦也分别挂在主吊钩上，吊至发电机处，在钢丝绳上缠上毛毡对发电机两侧吊耳进行防护，挂好后在钢丝绳上系上导向绳（导向、拆卸钢丝绳用），注意不要将导向绳固定在发电机吊耳上，如图 2-3-3～图 2-3-7 所示，安装用零部件及工具见表 2-3-2。

图 2-3-3 安装发电机吊装工装（一）

图 2-3-4 安装发电机吊装工装（二）

图 2-3-5　发电机两侧吊耳处用毛毡防护

图 2-3-6　安装发电机吊装工装

表 2-3-2　安装用零部件及工具

序号	名称/规格	数量	备　注
1	2MW 发电机吊具	1 套	
2	手拉葫芦/(10t,3m)	2 只	
3	导向绳/(200)	2 根	
4	活扳手/(450×55)	1 把	

2. 发电机翻身

1）将发电机翻身吊耳上的一根钢丝绳（ϕ24mm，4～5m）挂在辅助吊车上，起吊发电机，将其中一个手拉葫芦的另一端通过吊带挂住动轴，并将此吊带用细钢丝绳绑到动轴法兰孔处（防止吊带滑落），吊车将发电机吊到足够翻身的高度，在辅助吊车、手拉葫芦的配合下，将发电机翻转（注意：在发电机上操作的工作人员要系安全带），如图 2-3-8～图 2-3-14 所示。

图 2-3-7　在钢丝绳上系缆风绳

图 2-3-8　系安全带

图 2-3-9 挂辅助吊车

图 2-3-10 发电机翻身（一）

图 2-3-11 发电机翻身（二）

图 2-3-12 调节手拉葫芦（一）

2）在定轴法兰螺孔上等分安装 3 根导正棒，位置是 2 点、6 点和 10 点，如图 2-3-15 所示，导正棒安装用零部件见表 2-3-3。

3）松发电机锁定销，如图 2-3-16 所示。

4）使用手拉葫芦调节发电机定轴法兰面与垂直方向的倾斜角为 3°（在定轴法兰上端挂一铅锤，法兰下端距离铅垂线 65～70mm），如图 2-3-17 所示，安装用零部件及工具见表2-3-4。

图 2-3-13　调节手拉葫芦（二）

图 2-3-14　调节手拉葫芦（三）

图 2-3-15　安装发电机导正棒

图 2-3-16　松发电机锁定销

图 2-3-17　测量发电机定轴法兰面与垂直方向的倾斜角

表 2-3-3　导正棒安装用零部件

序号	名称/规格	数量	备　注
1	发电机吊装导正棒	3 根	

表 2-3-4　安装用零部件及工具

序号	名称/规格	数量	备　注
1	铅锤	1 个	
2	细绳/(ϕ2mm)	2m	
3	卷尺/(5m)	1 把	
4	双侧梯子/(载重 150kg,4m)	1 个	

3. 其他准备

1）取下辅助吊车上的钢丝绳（见图 2-3-18），将钢丝绳环绕吊梁（见图 2-3-19），用 U 形卸扣将钢丝绳的两端连起来，做安全保护，安装用零部件及工具见表 2-3-5。

2）松开发电机拉门滑道的紧固螺栓，打开拉门（见图 2-3-20），工具见表 2-3-6。（注意：机组运行前须将螺栓紧固，关好拉门）。

3）用丙酮把发电机定轴法兰面、动轴法兰面清洗干净，注意法兰面不允许有油渍，工具见表 2-3-7。

图 2-3-18　取下辅助吊车上的钢丝绳

图 2-3-19　将钢丝绳环绕吊梁

图 2-3-20　打开拉门

表 2-3-5　安装用零部件及工具

序号	名称/规格	数量	备　注
1	U 形卸扣/(25t)	1 把	

表 2-3-6　打开发电机拉门用工具

序号	名称/规格	数量	备　注
1	活扳手/(300×34)	1 把	

表 2-3-7 清洁法兰用工具

序 号	名称/规格	数 量	备 注
1	丙酮	1瓶	
2	大布	0.5m	

二、发电机的吊装

1）发电机吊装过程中风速小于10m/s。

2）吊起发电机，将发电机定轴法兰与机舱底座法兰面调整对齐，指挥吊车把发电机逐渐靠近机舱（见图2-3-21～图2-3-25）。

3）利用导正棒对准机舱底座法兰，用手拉葫芦把发电机拉近，如图2-3-26所示，安装用零部件及工具见表2-3-8。装紧固件，双头螺栓长的一端不涂 MoS_2（将其旋入定轴法兰），短的一端涂抹 MoS_2。

图2-3-21 发电机吊装（一）

图2-3-22 发电机吊装（二）

图2-3-23 发电机吊装（三）

图2-3-24 发电机吊装（四）

图2-3-25 发电机吊装（五）

4）螺栓露出长度为 60mm，按对角方向用电动扳手紧固螺母，用液压扳手分三次（力矩为 1400N · m、2100N · m、2850N · m）上紧螺栓（见图 2-3-27，安装用零部件及工具见表 2-3-9）。

表 2-3-8 安装用零部件及工具

序 号	名称/规格	数 量	备 注
1	双头螺栓/(M36×310-10.9)	48 个	JF1500C.20.153 达克罗
2	螺母/(M36-10)	48 个	GB/T 6170—2015 达克罗
3	垫圈/(36-200HV)	48 个	GB/T 97.1—2002 达克罗
4	MoS_2	适量	
5	毛刷	2 把	

图 2-3-26 手拉葫芦拉近发电机

图 2-3-27 紧固螺栓

表 2-3-9 安装用零部件及工具

序 号	名称/规格	数 量	备 注
1	呆扳手/(50-55)	2 把	
2	电动扳手	1 套	
3	液压扳手	1 套	
4	套筒/(55)	1 个	

5）安装完成后拆下发电机吊具，拆下发电机翻身吊具后，将 6 个 M16 的螺纹孔涂抹黄油（工作人员通过天窗出入机舱）。待整台机组所有零部件安装完成后去除发电机锁定，使其处于自由运转状态。注意：出入机舱时必须带全身安全带并将安全绳固定在机舱内可靠的位置，安装用零部件及工具见表 2-3-10。

表 2-3-10 安装用零部件及工具

序 号	名称/规格	数 量	备 注
1	活扳手/(450×55)	1 把	

任务四 叶轮的组装与吊装

一、叶轮的组装过程

1）首先将叶片垂直放置（后缘向上放置）。

2）拆掉齿形带。

3）将变桨盘变桨到-90°。

4）叶片组对。

5）锁定叶片。

6）装挡雨环、上端盖。

7）叶轮的吊装。

8）拆掉吊具。

9）人工变桨叶片到+90°（后缘靠近塔架）。

10）装掉齿形带。

二、吊装的准备

叶片清洁用工具见表 2-4-1。

表 2-4-1　叶片清洁用工具

序　号	名称/规格	数　量	备　　注
1	拖把	2 把	
2	洗洁精	适量	
3	水桶	1 个	

三、叶轮的安装

1. 变桨（叶片-90°，后缘向上）

1）拆卸齿形带：旋松变桨减速器调节滑板固定螺栓，旋松调节螺栓，拆下变桨齿形带一端的压板螺栓（共 3 处），拆下齿形带，将齿形带用绳子绑扎固定，避免叶轮吊装过程中和吊装完成后损伤齿形带，将齿形带压板重新固定好，如图 2-4-1 所示，拆卸齿形带用工具见表 2-4-2。

图 2-4-1　拆卸齿形带

表 2-4-2　拆卸齿形带用工具

序　号	名称/规格	数　量	备　　注
1	活扳手/(300×34)	1 把	
2	呆扳手/(24)	2 把	
3	呆扳手/(17)	2 把	

2）打开变桨锁，工具见表 2-4-3。

表 2-4-3　打开变桨锁用工具

序　号	名称/规格	数　量	备　　注
1	呆扳手/(24)	2 把	

3）把吊带安装在变桨盘孔与辅助吊车吊钩上，通过辅助吊车拉吊带，缓慢旋转变桨盘到-90°位置。安装变桨锁定，锁住变桨盘。变桨用工具见表 2-4-4。

表 2-4-4　变桨用工具

序　号	名称/规格	数　量	备　注
1	吊带/(10t，12m)	1 根	
2	呆扳手/(24)	2 把	

2. 叶片组对

1）将双头螺栓旋入叶片法兰内，螺栓露出长度 225mm±1mm，螺栓植入叶片时必须手工旋入，禁用电动或液压扳手，如图 2-4-2 所示。旋入叶片法兰部分螺纹不涂 MoS_2，零部件及工具见表 2-4-5。

图 2-4-2　将双头螺栓旋入叶片法兰内

表 2-4-5　安装叶片法兰螺栓用零部件及工具

序　号	名称/规格	数　量	备　注
1	双头螺栓 M30×550-10.9 或双头螺栓 M30×526-10.9	3×46 或 3×56	双头螺栓 M30×550-10.9 用于 54 孔的变桨轴承 双头螺栓 M30×526-10.9 用于 64 孔的变桨轴承
2	呆扳手/(46)	2 把	
3	管钳/(350)	1 把	

2）将需用的螺栓、垫圈、螺母、MoS_2 放在轮毂内备用，零部件及工具见表 2-4-6。

表 2-4-6　叶片组对用零部件及工具

序　号	名称/规格	数　量	备　注
1	双头螺栓 M30×550-10.9 或双头螺栓 M30×526-10.9	3×8 个	
2	螺母/(M30)	3×54 个	
3	垫圈/(30-300HV)	3×32 个 或 3×38 个	54 孔的变桨轴承需 3×32 个 64 孔的变桨轴承需 3×38 个 GB/T 97.1—2002
4	MoS_2	适量	
5	毛刷	2 把	

3）用吊车及 10t 环状圆环吊装带、叶片后缘护具，在确认吊钩位置垂直方向上与叶片

重心重合后，起吊叶片，拆除叶片法兰处工装，植入剩下的8根双头螺栓，在双头螺栓螺纹部分涂 MoS_2，起吊前，在叶尖适当的位置通过叶尖护袋固定导向绳，在起吊过程中，设专人拉住导向绳，控制叶片移动，吊运过程注意不要让叶尖触地。如图 2-4-3~图 2-4-8 所示，工具见表 2-4-7。

图 2-4-3　起吊叶片

图 2-4-4　拆除叶片法兰处工装

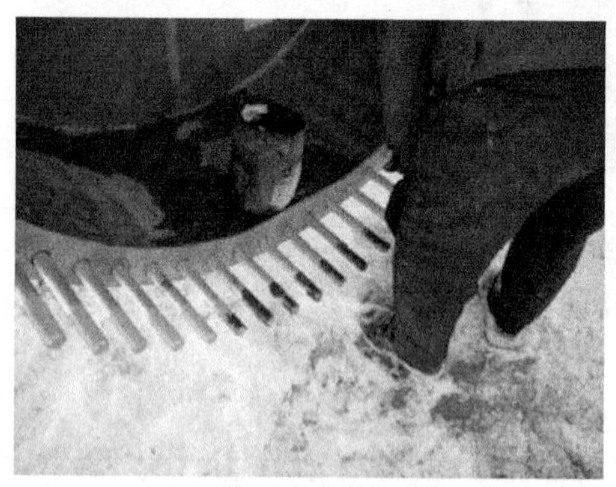

图 2-4-5　涂 MoS_2

图 2-4-6　叶尖护袋

图 2-4-7　叶片组对（一）

图 2-4-8　叶片组对（二）

表 2-4-7　叶片组对用工具

序　号	名称/规格	数　量	备　　注
1	10t 环状圆环吊装带	1 套	R01-10t×10m
2	叶片后缘护具	1 套	JF1500. 85. 020
3	电动扳手	1 把	

（续）

序　号	名称/规格	数　量	备　　注
4	MoS_2	适量	
5	叶尖护袋	1件	JF1500.85.026B
6	导向绳/(ϕ20mm,10m)	2根	

4）对正标记位置（叶片的“0”刻度线与变桨轴承的“0”刻度线对齐），进行组对。变桨盘区域安装垫圈和螺母，变桨轴承处直接装螺母，不用垫圈，安装螺母时有方向，平的一面朝里，如图2-4-9所示。

5）使用液压扳手（加长套筒），分三次力矩（820N·m、1230N·m、1640N·m）上紧螺栓，工具见表2-4-8。

表2-4-8　安装叶片用工具

序　号	名称/规格	数　量	备　　注
1	活扳手/(450×55)	2把	
2	电动扳手	1套	
3	液压扳手	1套	
4	加长套筒/(46)	1个	

6）对组对完的叶片用枕木和垂直支撑进行支撑，叶片与垂直支撑之间用柔软的材料对叶片进行保护，如图2-4-10所示，工具见表2-4-9。

图2-4-9　对正标记位置

图2-4-10　叶片支撑

表2-4-9　叶片支撑用工具

序　号	名称/规格	数　量	备　　注
1	垂直支撑	3套	
2	枕木	适量	

7）按上述步骤组对第二片、第三片叶片。

8）如叶片组对完成后不立即吊装，需要在现场放置，则必须对叶片进行支撑，确保叶轮放置期间不会损坏，如图2-4-11所示。

3. 挡雨环的安装

1）画线：清洁叶片根部，移动挡雨环使其紧贴毛刷，沿着挡雨环边缘在叶片上画线，如图2-4-12所示，零部件及工具见表2-4-10。

图 2-4-11　叶轮放置

图 2-4-12　画线

2）打胶：在叶片上距所画线 25mm 一周，打胶（10mm×0.2mm），如图 2-4-13 所示，工具见表 2-4-11。

表 2-4-10　画线用零部件及工具

序　号	名称/规格	数　量	备　注
1	挡雨环	3 套	
2	铅笔/(2B)	1 支	

表 2-4-11　打胶用工具

序　号	名称/规格	数　量	备　注
1	聚氨酯机械密封胶	3 组	AM-120C
2	胶枪	1 把	

3）扳开挡雨环，将其移至打胶上方，紧贴毛刷，向下压紧，用钢带箍扎紧，让胶充分固化，如图 2-4-14 及图 2-4-15 所示，工具见表 2-4-12。

图 2-4-13　打胶

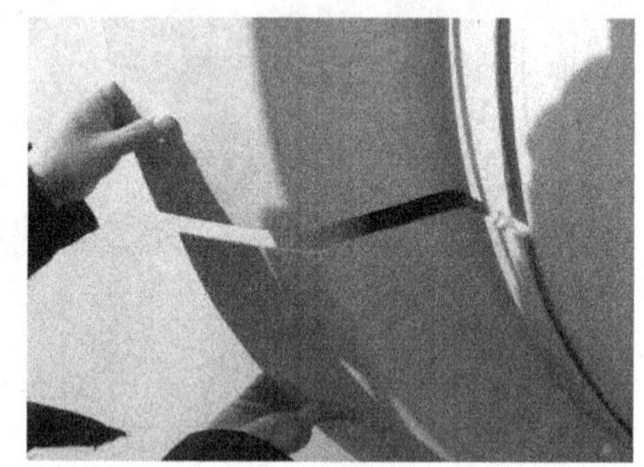

图 2-4-14　固化胶（一）

表 2-4-12　固化胶用工具

序　号	名称/规格	数　量	备　注
1	钢带箍	3 根	
2	平口螺钉旋具/(6×100)	1 把	
3	活扳手/(200×24)	1 把	

4）安装挡雨环开口处连接板，如图 2-4-16 所示。边缘需倒角、打磨（防止吊装时磨损吊带），所有自攻螺钉上打胶，在挡雨环与叶片处（画线部位）打胶，零部件及工具见表2-4-13。

图 2-4-15 固化胶（二）

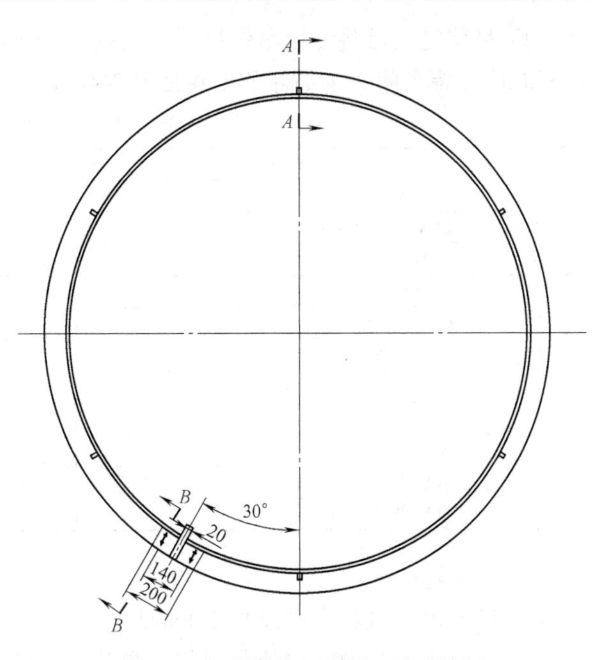

图 2-4-16 安装挡雨环开口处连接板

表 2-4-13 安装导流罩前端盖用零部件及工具

序 号	名称/规格	数 量	备 注
1	内六角自攻螺钉/(M5×40)	54 个	
2	抽芯铆钉/(5×25)	18 个	GB/T 12618.4—2006 不锈钢 A4-70
3	内六角扳手/(4、6)	各 1 个	
4	聚氨酯密封胶/(AM-120C)	3 瓶	
5	胶枪	1 把	
6	磨光机	1 个	

4. 导流罩的安装

1）前端盖安装 根据出厂对接标识，将前端盖吊至导流罩分体总成上，内部用螺栓连接，外部结合处用密封胶处理，具体如图 2-4-17 及图 2-4-18 所示。

图 2-4-17 导流罩前端盖安装（一）

图 2-4-18 导流罩前端盖安装（二）

2）吊装完成后将专用吊钉拆下，安装 M16×50 的螺栓和锁紧螺母。拆下的吊钉打包放置好返回总装车间，零部件及工具见表 2-4-14。

表 2-4-14 安装导流罩用零部件及工具

序号	名称/规格	数量	备注
1	上端盖	1 个	
2	螺栓/(M10×40)	36 个	GB/T 5783—2016 不锈钢 A4-70
3	螺母/(M10)	36 个	GB/T 889.1—2015 不锈钢 A4-70
4	垫圈/(10)	72 个	GB/T 96.1—2002 不锈钢 A140
5	螺栓/(M16×50)	1 个	GB/T 5783—2016 不锈钢 A4-70
6	螺母/(M16)	1 个	GB/T 889.1—2015 不锈钢 A4-70
7	胶		密封用
8	胶枪	1 把	
9	爬梯/(4m)	1 副	
10	呆扳手/(17)	2 把	
11	活扳手/(200×24)	2 把	

5. 叶轮的吊装

1）叶轮吊装过程中风速小于 8m/s。

2）在两个叶片的叶尖处分别装一个叶尖护袋，通过叶尖护袋各固定一根导向绳，注意导向绳的系法，用一木棍使叶尖护袋的穿绳孔受力均匀，在吊装过程中不致拉裂穿绳孔，如图 2-4-19 及图 2-4-20 所示，工具见表 2-4-15。

图 2-4-19 装叶尖护袋及导向绳

图 2-4-20 导向绳的系法

表 2-4-15 叶片吊装用工具（一）

序号	名称/规格	数量	备注
1	叶尖护袋	2 件	
2	导向绳/(ϕ20mm,200m)	2 根	
3	木棍	2 根	

3）在第 3 个叶片上先装一个叶尖护袋，并系上导向绳，在叶轮处于竖直状态时，把垂下来的导向绳在下方的叶片上绕几圈，叶轮与发电机安装孔对准时朝合拢方向拽紧。

4）拽紧，便于安装，在叶尖护袋往叶尖方向安装吊带和叶片后缘护具，用毛毡对叶片后缘进行防护，应尽量拉紧吊带，防止吊带向上滑动，损坏叶片，如图 2-4-21 所示，工具见表 2-4-16。

表 2-4-16 叶片吊装用工具（二）

序 号	名称/规格	数 量	备 注
1	叶尖护袋	1 件	
2	导向绳/（ϕ20mm，50m）	1 根	
3	10t 扁平宽吊带	1 根	W08-10（10t×5m，宽度 250mm）
4	叶片后缘护具	1 套	
5	毛毡	2 张	

5）在前两个叶片根部安装吊带（扁平吊带 W04-30t×16m，宽度 250mm）。注意吊带距挡雨环的位置（至少间隔 100mm），以免起吊时磨损吊带，在冬季，吊带应保持干燥。如图 2-4-22 所示，工具见表 2-4-17。

图 2-4-21 装叶尖护袋及辅吊

图 2-4-22 安装吊带

表 2-4-17 叶片吊装用工具（三）

序 号	名称/规格	数 量	备 注
1	扁平吊带 W04-30t×16m（宽度 250mm）	2 根	

6）吊车同时起吊，安装叶轮导正棒，主吊车慢慢向上，辅助吊车配合将叶轮由水平状态慢慢倾斜，并保证叶尖不能接触到地面。待垂直向下的叶尖完全离开地面后，辅助吊车脱钩，拆除叶片护具，由主吊车将叶轮起吊至轮毂高度，如图 2-4-23～图 2-4-27 所示。

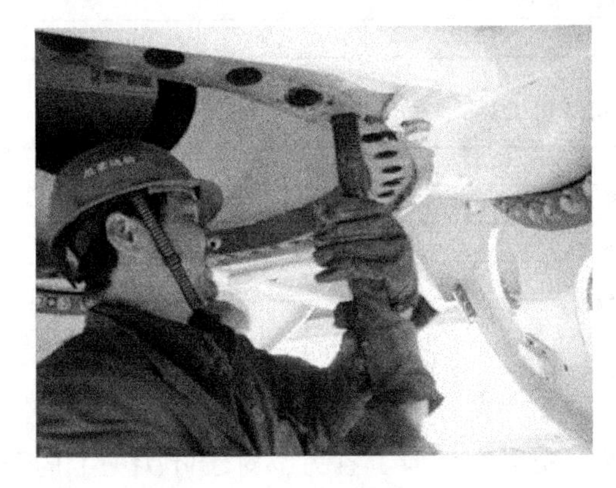

图 2-4-23 安装叶轮导正棒

图 2-4-24 起吊叶轮（一）

图 2-4-25　起吊叶轮（二）

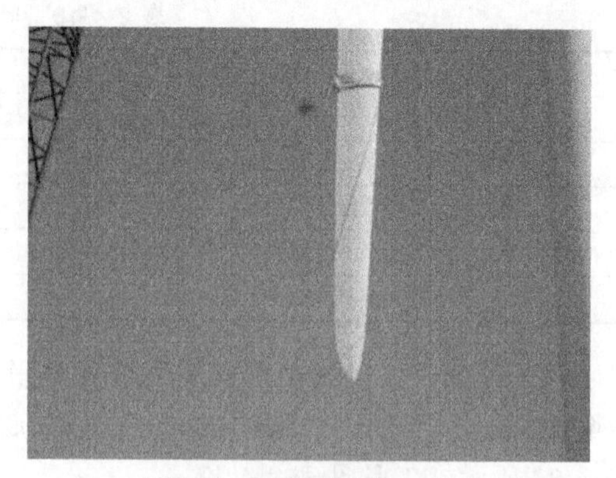

图 2-4-26　起吊叶轮（三）

7）机舱中的安装人员通过对讲机与吊车保持联系，指挥吊车缓缓平移，轮毂法兰接近发电机动轴法兰时停止。

8）使用 5t 以上手拉葫芦从人孔处把叶轮拉向发电机，拉动牵引绳配合吊车使轮毂变桨系统法兰面处于平行位置，旋下发电机锁定销，把手轮顺时针旋转，一定要全部松开转子锁定装置，使用撬杠缓缓转动发电机以调整动轴法兰孔位置，螺栓涂 MoS_2 并旋入，工具见表 2-4-18。

9）用电动扳手紧固后，用液压扳手分三次力矩（1400N · m、2100N · m、2850N · m）上紧螺栓，工具见表 2-4-19。

图 2-4-27　起吊叶轮（四）

表 2-4-18　叶轮安装用工具

序　号	名称/规格	数　量	备　注
1	手拉葫芦/(5t)	2 只	
2	撬杠	2 根	
3	螺栓/(M36×220-10. 9)	48 个	GB/T 5782—2016　达克罗
4	垫圈/(36 300HV)	48 个	GB/T 97. 1—2002　达克罗
5	MoS_2	适量	
6	毛刷	2 把	

表 2-4-19　叶轮安装用工具

序　号	名称/规格	数　量	备　注
1	电动扳手	1 套	
2	液压扳手	1 套	
3	套筒/(55)	1 个	

10）拆下吊带和导向绳。

6. 叶片位置调整

1）叶轮吊装完成后，应尽快变桨到+90°位置，变桨时，为了省力，对于叶尖朝上的两个叶片，站在导流罩处往变桨系统看，右手为右变桨盘，左手为左变桨盘，其变桨盘的旋转方向：站在变桨电动机处看，右变桨盘为顺时针转动，左变桨盘为逆时针转动，对于叶尖朝下的那个叶片，两个方向都可行。

2）叶尖向上的两个变桨盘变桨时：将手拉葫芦 1 一边挂在变桨盘上，另一边挂在后支架上，将手拉葫芦 1 拉紧，然后打开变桨锁，慢慢松手拉葫芦 1，直到变桨盘不再旋转为止。如图 2-4-28～图 2-4-30 所示，工具见表 2-4-20。

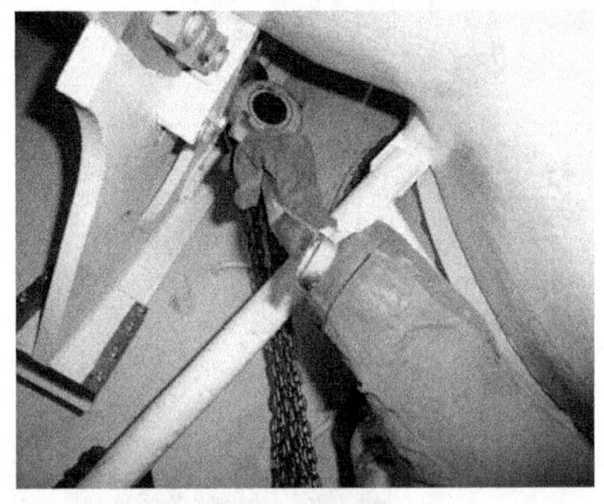

图 2-4-28　挂手拉葫芦 1（一）

图 2-4-29　挂手拉葫芦 1（二）

3）将手拉葫芦 2 一边挂在变桨盘孔上，另一边挂在变桨支架上，拆卸手拉葫芦 1，将手拉葫芦 1 一边挂在下面的变桨盘孔上，另一边挂在变桨支架上，拉手拉葫芦 1 使变桨盘旋转，当变桨盘不能再旋转时，将手拉葫芦 2 挂在下面的变桨盘孔上，拉手拉葫芦 2，直到拉到位，锁定变桨锁，安装齿形带，固定调节滑板，如图 2-4-31～图 2-4-34 所示，工具见表 2-4-20。注意：在操作时严禁人停留在变桨盘旋转平面位置。

图 2-4-30　松手拉葫芦 1

图 2-4-31　在变桨支架上装吊带

4）叶尖向下的变桨盘变桨时：将手拉葫芦 1 一边挂在变桨盘孔上，另一边挂在变桨支架上，将手拉葫芦 2 一边挂在另一个变桨盘孔上，另一边挂在变桨支架上，拉手拉葫芦 1 使变桨盘旋转，当变桨盘不能再旋转时，将手拉葫芦2挂在下面的变桨盘孔上，拉手拉葫芦2，直到拉到位，锁定变桨锁，安装齿形带，固定调节滑板，如图2-4-35所示。

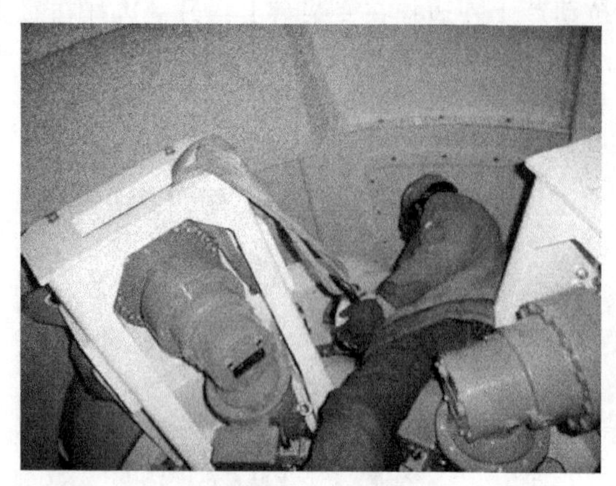

图2-4-32　装手拉葫芦2

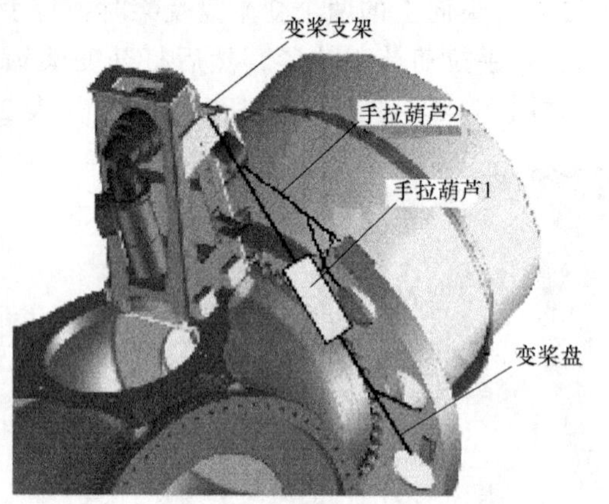

图2-4-33　装手拉葫芦1

图2-4-34　将叶片变桨为+90°位置（一）

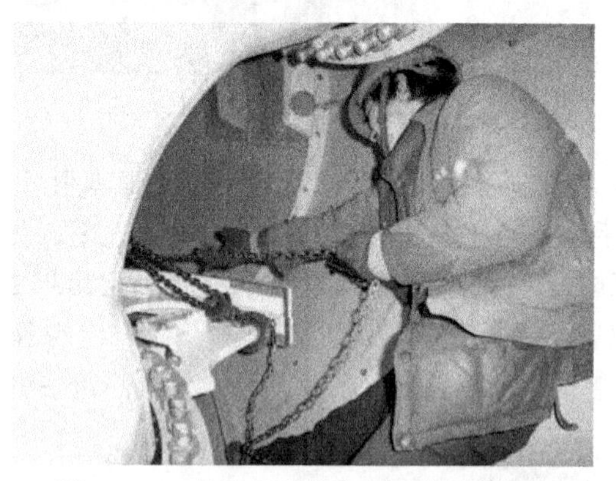

图2-4-35　将叶片变桨为+90°位置（二）

5）操作过程中，应注意对防腐漆的防护，对破坏的防腐应进行修复。

6）注意：必须在叶轮完成吊装后24h之内完成人工变桨，防止大风期间损坏变桨锁定。变桨时，在操作时严禁人停留在变桨盘旋转平面位置，为防止风向突然变化，造成变桨盘突然回转伤到安装人员，必须使用两个手拉葫芦。

表2-4-20　叶片变桨用工具

序　号	名称/规格	数　量	备　注
1	手拉葫芦/(1.6t)	2只	
2	吊带/(3t，2m)	2根	

7. 装齿形带及测频率

1）将齿形带穿过变桨驱动齿轮和两个张紧轮，松开变桨驱动支架上固定调节滑板的螺栓6-M16×90-10.9，把调节滑板放到最低位置。

2）将齿形带拉紧，并将齿形带的另一端固定在变桨盘的另一端，用螺栓24-M10×60将外压板固定在内压板上，用锁紧螺母M10紧固。

3）调节调节滑板上的6-M16×120（自带）的调节螺栓，将齿形带拉紧。

4）测量张紧轮与变桨驱动齿轮中心距，由于中心距直接测量比较困难，所以通过测量调节滑板端部与变桨驱动支架前板端部的距离（测量距离）来间接计算出张紧轮与变桨驱动齿轮中心距，中心距的变化范围为 310～360mm，当测量距离为最小值 35mm 时，张紧轮与变桨驱动齿轮中心距为 360mm，当测量距离为最大值 85mm 时，张紧轮与变桨驱动齿轮中心距为 310mm（见图 2-4-36）。同理，根据实测出来的测量距离，计算出张紧轮与变桨驱动齿轮中心距。

5）根据实际中心距从图 2-4-37 中对应出齿形带允许的频率调节范围。

6）用张力测量仪 WF-MT2 测量齿形带的振动频率。将 WF-MT2 放置在张紧轮与变桨驱动齿轮之间的齿形带光面上，用小木锤敲击齿形带，查看 WF-MT2 显示的振动值，如果小于最小值，调节调节滑板上面两个 M16×120 的螺栓，拉紧齿形带，然后再次测量齿形带的振动频率；如果大于最大值，调节调节滑板上面两个 M16×120 的螺栓，放松齿形带，然后再次测量齿形带的振动频率。反复调节齿形带直到测量频率在允许的频率范围内为止。

7）紧固调节调节滑板上的 6-M16×120（自带）的调节螺栓。

8）紧固变桨驱动支架上固定调节滑板的螺栓 6-M16×90-10.9，紧固力矩值为 243N·m，螺栓紧固顺序为对称紧固，分两次紧固，$T_1 = 120\text{N}\cdot\text{m}$，$T_2 = 243\text{N}\cdot\text{m}$。工具见表2-4-21。

9）同理安装另外两个齿形带并测频率。

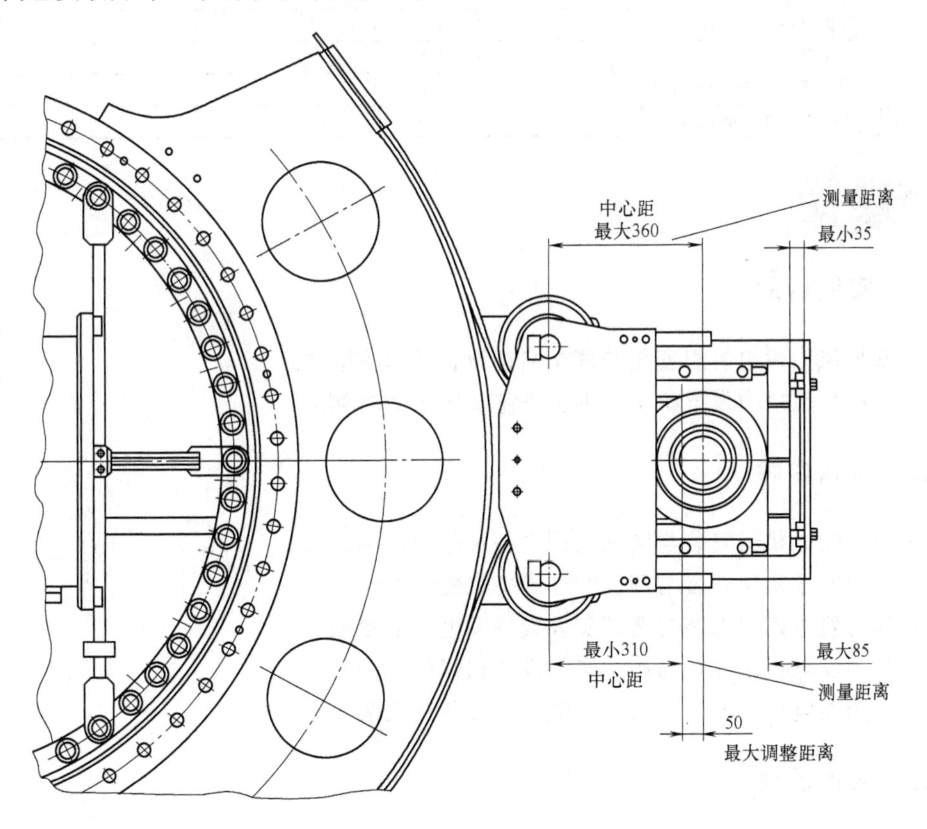

图 2-4-36 张紧轮与变桨驱动齿轮中心距的测量方法

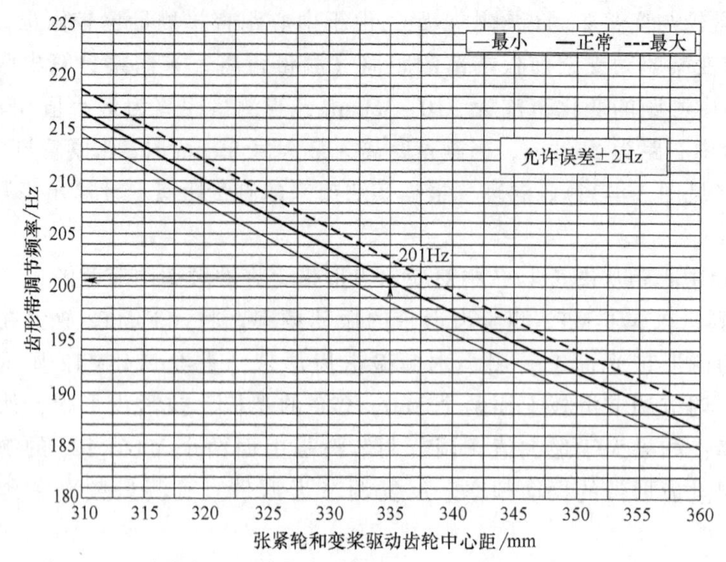

图 2-4-37　张紧轮和变桨驱动齿轮中心距与齿形带调节频率关系图

表 2-4-21　紧固螺栓用工具

序　号	名称/规格	数　量	备　　注
1	活扳手/(300×34)	2 把	
2	呆扳手/(24)	2 把	
3	呆梅两用扳手 24mm	1 把	
4	套筒 24mm Socket	1 个	
5	小木锤	1 把	
6	力矩扳手/(340N · m)	1 把	
7	WF-MT2 张力测量仪	1 个	

项目实训

一、实训目的

1）掌握风力发电机组安装与调试实训设备整机安装方法。

2）掌握直驱风力发电机组实训设备整机安装的检测方法。

二、实训内容

1）风力发电机组安装与调试实训设备塔架的吊装。

2）风力发电机组安装与调试实训设备机舱的吊装。

3）风力发电机组安装与调试实训设备发电机的吊装。

4）风力发电机组安装与调试实训设备轮毂的吊装。

5）风力发电机组安装与调试实训设备叶片的安装。

三、实训器材

实训器件见表 2-5-1。

表 2-5-1 实训器件

序号	名称	型号规格	单位	数量
1	吊车	0.5t	台	1
2	内六角扳手	M2～M10	套	1
3	外六角扳手	M3～M4	件	1
4	棘轮扳手组合套装	M2～M10	套	1
5	导向柱	M4	件	3
6	抹布	200mm×200mm	件	1
7	吊环	M4	个	3
8	外六角螺钉	M4×12	个	26
9	外六角螺钉	M4×20	个	88
10	外六角螺钉	M4×25	个	26
11	外六角螺钉	M4×30	个	25
12	外六角螺钉	M4×40	个	24
13	螺母	M4	个	66

实训零部件见表 2-5-2。

表 2-5-2 实训零部件

序号	名称	型号规格	单位	数量
1	基础	标准配件	件	1
2	底段塔架	标准配件	件	1
3	中段塔架	标准配件	件	1
4	顶段塔架	标准配件	件	1
5	机舱	标准配件	件	1
6	发电机	标准配件	件	1
7	风轮工装	标准配件	件	1
8	叶片	标准配件	件	3

四、实施步骤

1. 塔架的吊装

(1) 吊装底段塔架

1) 移动底座至吊车的下方，调整底座的位置，使底座中心位置位于吊车吊梁的正下方，锁紧底座下方的脚轮。

2) 将底段塔架移动到龙门吊吊梁下面，将 3 个吊环安装至底段塔架的上法兰面上，3 个吊环相隔 120°，塔架壁上的标记与底座上的标记对齐。

3) 锁定底座下方的脚轮，在底座上安装 3 个导向柱，如图 2-5-1 所示，相隔 120°。

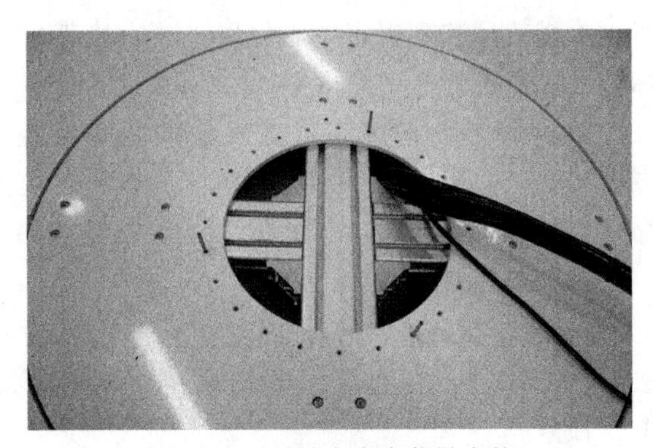

图 2-5-1 基础底盘安装导向柱

4) 移动吊车吊钩至塔架正上方，下降吊车吊钩到可以接触到吊环的位置。使吊钩吊住塔架吊环。

5）上升吊车将塔架吊离底座 5cm，水平移动吊车，将塔架吊装至底座中心位置。要求塔架壁上的标记与底座上的标记对齐。

6）如图 2-5-2 所示，下落吊车，使塔筒距底座 5mm 处，使导向柱穿过塔架的安装孔，下降吊车使塔架与底座接触。

7）对齐其他安装孔，并用 21 个 M4×12 的外六角螺钉预紧。

8）拆卸三个导向柱，安装剩余 3 个 M4×12 的螺钉并预紧。

9）下降吊车，拆卸吊钩与吊环。

10）上升吊车，移走吊车，完成底段塔架的安装。

（2）吊装中段塔架

1）将中段塔架移动到龙门吊吊梁下面，将 3 个吊环安装至中段塔架的上法兰面上，3 个吊环相隔 120°，中段塔架与底段塔架上的标记角度差 180°（见图 2-5-3）。

图 2-5-2　底段塔架安装完毕示意图

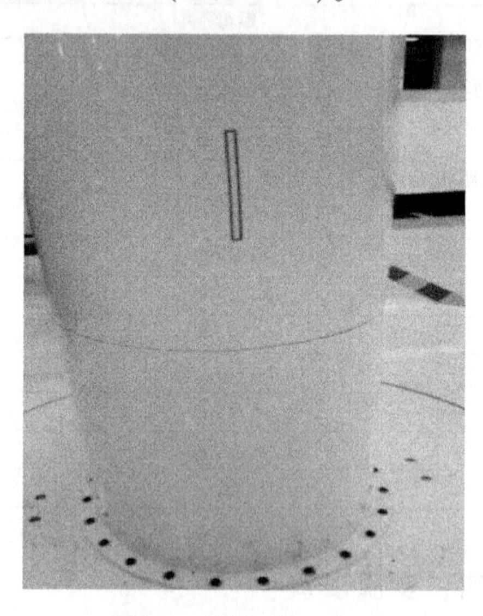

图 2-5-3　中段塔架标记线示意图

2）在中段塔架下安装 3 个导向柱，相隔 120°。

3）将吊钩安装在中段塔架吊环上。

4）上升吊车将塔架调离底段塔架 5cm，移动吊车，将塔架吊装到底座中心位置。要求塔架壁上的标记与底座上的标记角度差 180°。

5）下降使导向柱穿过底段塔架的安装孔，对齐安装孔，并用 3 个 M4×16 的外六角螺钉从上方穿过塔架法兰并在法兰下方安装 M4 螺母，并预紧（见图 2-5-4）。

6）拆卸导向柱，并用 M4×20 的外六角螺钉从法兰下方穿过，在法兰上方安装 M4 螺母，共 21 个，预紧。

7）下降吊车，拆卸吊钩与吊环。

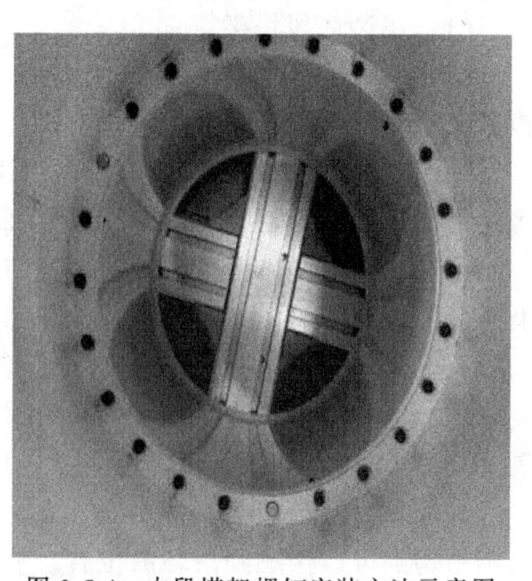

图 2-5-4　中段塔架螺钉安装方法示意图

8）上升吊车，移走吊车。

（3）吊装顶段塔架

顶段塔架与中段塔架的安装方法相似（顶段塔架标记线与中段塔架标记线相隔 180°，与底段塔架标记线对齐），安装图如图 2-5-5 所示。

2. 机舱的吊装

1）将机舱（含机舱正置工装）放置到吊车吊梁的正下方，如图 2-5-6 所示。

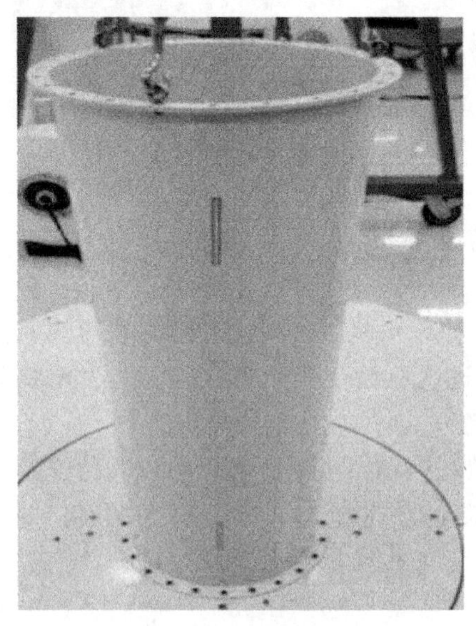

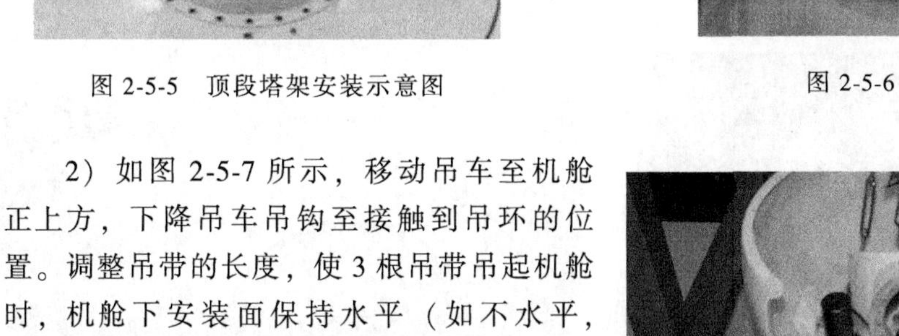

图 2-5-5　顶段塔架安装示意图

图 2-5-6　机舱位于底座上

2）如图 2-5-7 所示，移动吊车至机舱正上方，下降吊车吊钩至接触到吊环的位置。调整吊带的长度，使 3 根吊带吊起机舱时，机舱下安装面保持水平（如不水平，必须反复调整，直至吊装后机舱保持水平的状态）。

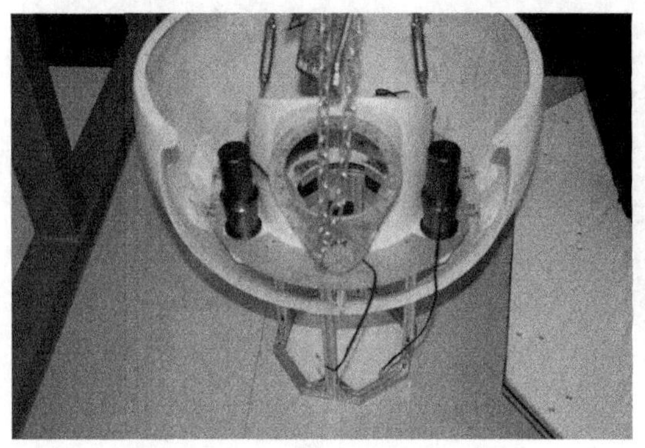

图 2-5-7　在机舱罩上安装吊带

3）上升吊车并使 3 根吊带拉直，机舱未脱离地面；拆卸机舱与机舱正置工装的 4 个 M4×25 外六角螺钉；在机舱底部的摩擦盘上安装 3 个导向柱，导向柱相隔 120°。

4）上升吊车至顶段塔架的上法兰处，导向柱高出塔架法兰 50mm，水平移动吊车至塔架上法兰处，保证机舱标记与塔架标记对齐。

5）下降吊车，使导向柱穿入塔架法兰的安装孔，然后缓慢下降吊车直至机舱与塔架接触（见图 2-5-8）。

6）用 3 个 M4×25 外六角螺钉从塔架法兰下方穿入安装孔并紧固，3 个螺钉角度相隔 120°；拆卸 3 个导向柱，然后安装其他 21 个 M4×25 外六角螺钉，并紧固。

7）下降吊车，然后拆卸机舱吊环上的吊钩。

8）上升吊车，移走吊车。

3. 发电机的吊装

1）将发电机及发电机底座，放置在吊车吊梁正下方。

2）在发电机与机舱连接的主轴上安装3个导向柱，3个导向柱相隔120°。

3）移动吊车至发电机吊环的正上方（见图2-5-9），调整吊带的长度，使3根吊带吊起发电机时，发电机安装面与水平面夹角为85°（如不符合要求，必须反复调整直至吊装后符合要求）。

图2-5-8　放置机舱到塔架上

4）上升吊车并使发电机主轴法兰与机舱安装法兰高度保持一致，水平移动吊车，使吊车距离机舱约50mm，缓慢调整吊车高度和水平距离，使发电机上的导向柱穿入机舱底盘的安装孔。然后缓慢水平移动吊车，使发电机安装止口进入机舱底盘止口（注意：发电机齿轮与机舱传动齿轮必须啮合，吊装时不许磕碰传动齿轮）。

5）用3个M4×12外六角螺钉从机舱方向穿入安装孔，稍微预紧；然后检查其他安装孔是否对齐，如不对齐，转动发电机定子使之对齐；安装其他18个M4×12外六角螺钉，并星形紧固；拆卸导向柱，安装剩下3个M4×12外六角螺钉（见图2-5-10）。

图2-5-9　吊装发电机

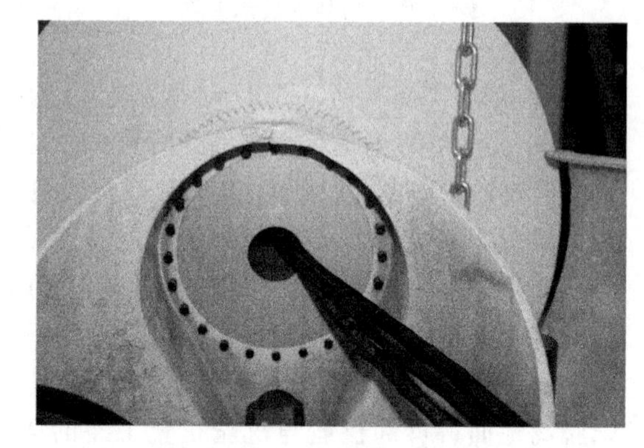

图2-5-10　安装发电机螺钉

6）下降吊车，使吊带松开，拆卸发电机上的吊钩。

7）上升吊车，移走吊车。

4. 风轮的吊装

（1）轮毂的吊装

1）将风轮及风轮工装放置在吊车吊梁正下方。在风轮上面导流罩的支架上安装3个吊环，同时在变桨控制柜安装面上安装3个吊环。

2）在与风轮连接的发电机转子法兰上安装3个导向柱，3个导向柱相隔120°。

3）移动吊车至风轮叶片吊环的正上方，移动 2 个手拉葫芦并使吊钩可以安装到风轮导流罩支架及变桨控制柜安装面上的吊环上（见图 2-5-11）。

4）上升手拉葫芦直至导流罩上支架吊绳拉直，并且风轮工装未离开地面；拆卸风轮工装下方的 M4×16 外六角螺钉及 M4 螺母。

5）上升与导流罩上支架连接的手拉葫芦并使风轮离开地面，之后停止；上升与变桨控制柜安装面连接的吊车，并使风轮翻转至导流罩安装面水平朝上，然后拆卸与导流罩上支架连接的手拉葫芦上的吊钩（见图 2-5-12）。

图 2-5-11　准备风轮吊装

图 2-5-12　吊装风轮

6）上升吊车至发电机外转子法兰处 50mm，缓慢移动吊车，使发电机外转子法兰上的导向柱穿入风轮安装孔；继续缓慢移动吊车，使风轮止口进入发电机外转子止口（见图 2-5-13）。

图 2-5-13　安装风轮

7）从风轮前侧安装连接风轮与发电机的 3 个 M4×12 外六角螺钉，稍微预紧，螺钉相隔 120°；安装其他 18 个 M4×12 外六角螺钉，星形紧固；拆卸 3 个导向柱，然后安装剩下 3 个 M4×12 外六角螺钉。

8）下降吊车，拆卸安装在风轮吊环上的吊钩。

9）上升吊车，移走吊车。

（2）叶片的吊装

1）选取叶片，检查法兰螺钉是否松动，如果松动则需要拧紧螺母。

2）将风轮调整到一个叶片朝下、两个朝上的角度；手持叶片，将叶片螺钉穿入风轮上方的变桨轴承安装孔（此处需要将变桨轴承角度调整为 22.5°），从轮毂前方伸入轮毂，并在内安装 8 个 M4 螺母，并拧紧（见图 2-5-14）。

3）同样方法安装其余两个叶片。

5. 机舱罩的安装

如图 2-5-15 所示，将机舱上罩手持放置在机舱上对齐安装孔，用 M2×20 的螺钉安装。

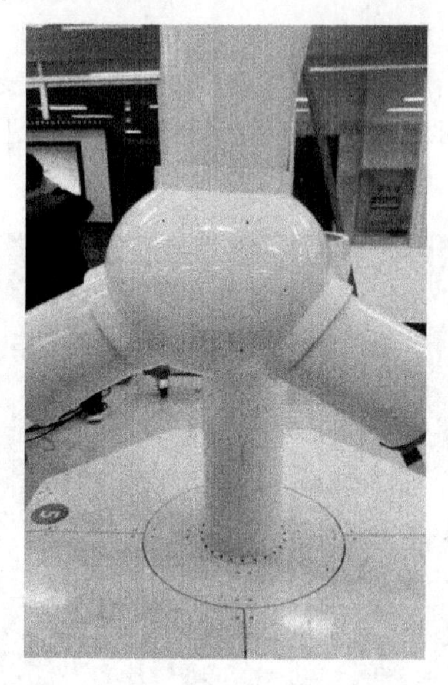

图 2-5-14　叶片手持安装示意图

图 2-5-15　叶片的安装

6. 整机安装完毕的检测

（1）塔架吊装检测

塔架吊装完毕后，检测方法如下：

1）塔基下部脚轮是否锁紧，即机组是否移动，可移动即为安装不合格。

2）检查塔架组件是否安装完全，不完全即为安装不合格。

3）检查塔架所有螺栓是否紧固，有一处不紧固即为安装不合格。

4）底段塔架标记线与基础标记线是否在同一条线上，不在同一条线上即为安装不合格。

5）中段塔架标记线与底段塔架标记线是否反转 180°，未反转即为安装不合格。

6）顶段塔架标记线与中段塔架标记线是否反转 180°，未反转即为安装不合格。

7）机组风轮方向与基础标记是否对齐，未对齐即为安装不合格。

8）底段塔架螺钉是否紧固，有一处不紧固即为安装不合格。

9）中段塔架与底段塔架安装的螺杆是否有三颗朝下安装，若朝下的螺杆数量不是三颗则为安装不合格。

10）顶段塔架与中段塔架安装的螺杆是否有三颗朝下安装，若朝下的螺杆数量不是三颗则为安装不合格。

（2）机舱吊装检测

机舱吊装完毕后，检测方法如下：

1）机舱与塔架连接处螺钉是否紧固，未紧固即为安装不合格。

2）机舱组件是否安装完整，不完整即为安装不合格。

3）检查机舱所有螺钉是否安装完全，不完全即为安装不合格。

（3）发电机吊装检测

发电机与机舱连接螺钉是否紧固，未紧固即为安装不合格。

（4）风轮吊装检测

风轮吊装完毕后，检测方法如下：

1）风轮与发电机连接螺钉是否紧固，未紧固即为安装不合格

2）检查风轮是否安装完整，不完整即为安装不合格。

3）检查风轮所有螺钉是否安装完全，不完全即为安装不合格。

（5）叶片吊装检测

叶片吊装完毕后，检测方法如下：

叶片与风轮的连接 M4 螺母是否紧固，未紧固即为安装不合格。

五、实训评价

实训评价表见表 2-5-3。

表 2-5-3　实训评价表

评价	评分细则(本项配分扣完为止)	配分	得分
一、塔架吊装	1. 吊装底段塔架 1)基础下部脚轮没有锁紧,即基础可以移动,每发现一处扣 0.5 分 2)底段塔架壁上的标记与基础上的标记没有对齐,扣 0.5 分 3)底段塔架与基础安装的 M4×12 螺钉没有紧固,每发现一处扣 0.5 分	2	
	2. 吊装中段塔架 1)中段塔架壁上的标记与底段塔架壁上的标记没有相隔 180°,扣 0.5 分 2)中段塔架与底段塔架安装的 M4×16 螺钉及螺母没有紧固,每发现一处扣 0.5 分 3)中段塔架与底段塔架预安装的 3 个 M4×16 螺钉及螺母,螺母没有在上方;3 个螺钉没有相隔 120°,扣 0.5 分		
	3. 吊装顶段塔架 1)顶段塔架壁上的标记与中段塔架壁上的标记没有相隔 180°,扣 0.5 分 2)顶段塔架与中段塔架安装的 M4×16 螺钉及螺母没有紧固,发现一处扣 0.5 分 3)顶段塔架与中段塔架预安装的 3 个 M4×16 螺钉及螺母,螺母没有在上方;3 个螺钉没有相隔 120°,扣 0.5 分		
二、机舱吊装	吊装机舱(本项配分扣完为止):机舱与塔架的连接 M4×20 螺钉没有紧固,每发现一处扣 0.5 分	2	
三、发电机吊装	吊装发电机(本项配分扣完为止):发电机与机舱的连接 M4×16 螺钉没有紧固,每发现一处扣 0.5 分	2	
四、风轮吊装	吊装风轮(本项配分扣完为止):风轮与发电机的连接 M4×16 螺钉没有紧固,每发现一处扣 0.5 分	2	
五、叶片吊装	吊装叶片(本项配分扣完为止):叶片与风轮的连接 M4 螺母没有紧固,每发现一处扣 0.5 分	2	
“6S”规范	整理(SEIRI)、整顿(SEITON)、清扫(SEISO)、清洁(SEIKETSU)、素养(SHITSUKE)、安全(SAFETY)考核,每发现一处扣 1 分	倒扣分	
合计		10	

项目拓展 >>

双馈风力发电机组的现场安装

一、现场安装前的检查

以某公司生产的2MW双馈风力发电机组为例，安装前要做好以下检查。

1. 工具和图样等的检查

按每个工序要求检查所需的工具、吊具、工装及辅料是否到位：

1）按每个工序要求检查所需的标准件和外购件的型号和数量。

2）检查齿轮箱和发动机冷却系统的压力确认在2~2.5bar之间。

3）检查机舱和变桨系统的润滑系统是否满足要求。

4）检查齿轮箱的液位计所示液位是否满足要求。

5）在吊装前，要得到一份天气预报（塔架和机舱吊装条件）：10min内，最大平均速度为10~12m/s。风轮和叶片的吊装条件：10min内，最大平均速度为8~10m/s。

6）主要部件的吊装起重机：主吊推荐选用600t履带吊，起吊臂长度按照风力发电机的吊装高度确认，吊装回转工作半径为16~20m，吊装重量为90t；辅吊推荐选用80t汽车吊。

7）转运塔基控制柜、木箱、电缆、吊具和工具到安装现场，同时打开相应的包装箱。

2. 地基的检查

1）如图2-6-1所示，清理地基的所有表面，移除杂物和混凝土残留部分。电缆的保护管要切下足够的长度。用锉刀去除基础环接触面的毛刺等，把所有塔架底部法兰连接所必需的螺栓、垫圈和螺母摆放在地基环中，并把它们放在便于取用的位置；将用于法兰连接的撬棍、液压扭力机、专用套筒、电动扳手和呆扳手等工具也放置在基础环内。并在螺栓的螺纹头部和螺栓方头端面涂上MoS_2。

2）清洗地基环的法兰盘：用清洗剂1755清洗塔基环部分，再用硅橡胶平面密封剂1587沿着法兰孔呈葫芦形均匀涂抹一根直径约ϕ6~10mm密封环，达到密封防水的效果（见图2-6-2）。

图2-6-1 清洗地基

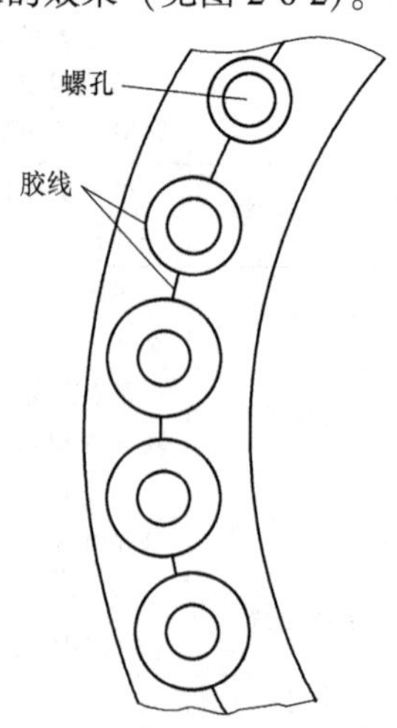

图2-6-2 密封剂涂抹

3. 塔基基础环的检查

当塔基混凝土完全干燥后（至少 28 天）才可进行机组的安装。安装之前按照塔基基础环的技术要求确认是否满足安装要求——要确保基础法兰接触表面的平面度不能超过 2mm，法兰外径的公差值为±2mm；内径不能超过标准值的下公差-3mm；法兰每个孔的位置公差不能超过 1mm；法兰边沿必须是内倾的，倾斜度最大不能超过 2mm；对于其他尺寸，形状和位置公差视图样上标注的一般公差而定；对于现场不便检测的项目请查阅其检测报告。

二、塔架的吊装

1）安装每段塔架的电缆夹，要求最后在固定电缆过程中螺纹上涂 1243 螺纹锁固密封剂。电缆夹的内部结构如图 2-6-3 所示：电缆夹分三层，有两排孔，每安装一排电缆，就用 M16 螺母夹紧一层，螺纹上涂 1243 螺纹锁固密封剂，安装螺母时都要用力矩扳手+24 套筒，力矩为 206N · m。

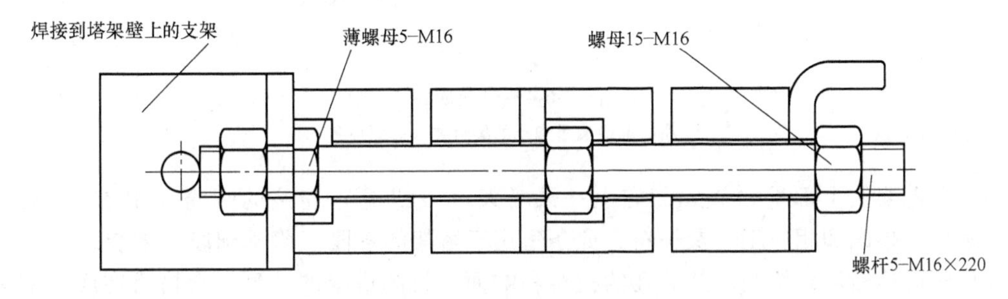

图 2-6-3　电缆夹的内部结构

2）塔架内照明灯、灯座及附件，要求螺纹上涂 1243 螺纹锁固密封剂。

3）按照长度要求下料电缆，电缆安装要求统一由一根从顶段塔架的马鞍位置放到底段塔架，其中照明和通信电缆由机舱直接放到塔架的底段。

4）将所有电缆统一安装在顶段塔架内的电缆夹内，由于安装在塔架内部的电缆——地线（1G240mm²）、机舱供电（4G70）、U 相电缆（1×240mm²）、W 相电缆（1×240mm²）、V 相电缆（1×240mm²）被分割成两段，所以在吊装上段塔架前，将下部分电缆有序地盘卷在顶段塔架的最下面一个平台上，并将该平台以上部分电缆用电缆夹固定——将电缆一根一根地一一对应放入电缆夹的孔中（见表 2-6-1 和图 2-6-4）。将上部分电缆和未被分割成两段的照明和通信电缆盘卷在机舱内，为下一步连接电缆做准备。

表 2-6-1　电缆序号表

编　号	电 缆 用 途
1	备用
2、3	地线（IG240mm²）
4	机舱供电（4G70）
5、6、7、8	U 相电缆（1×240mm²）
9	照明和通信
10、11、12、13	W 相电缆（1×240mm²）
14、15、16、17	V 相电缆（1×240mm²）

5）履带吊主吊车与汽车吊车就位。

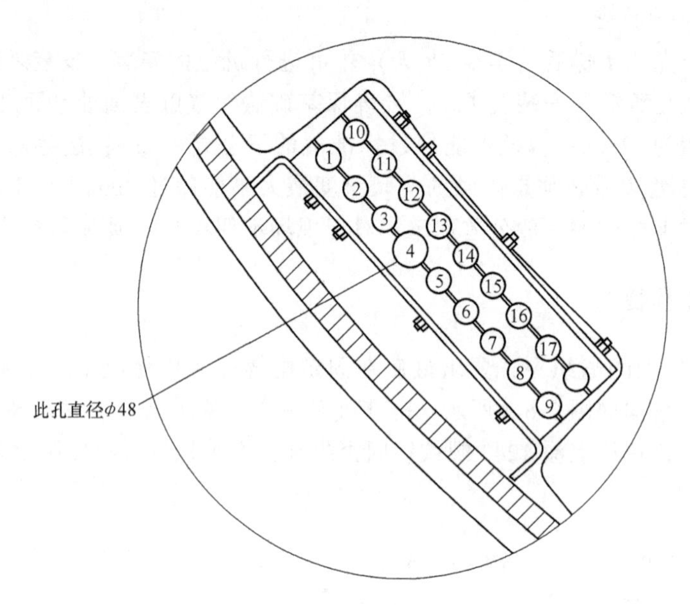

图 2-6-4 电缆固定

注：电缆编号和孔的编号要一一对应！

6）在塔架的上部平台放置与它上一段塔架（或机舱）连接的螺栓（用 MoS_2 润滑螺栓）、螺母、垫圈和相应工具及辅料，此条适用于塔架的各段（除基础段）安装。

7）随机抽检塔架两端法兰螺孔的孔距和端面，目测塔架的外形，合格后在底段塔架的上、下两端法兰盘分别安装好塔架吊装工装（见图 2-6-5，顶端均布安装四点，底端安装两点，具体安装要求见塔架吊装吊具说明书），用于塔架的起吊和水平翻转。

8）主副吊车同时起吊，待塔架离开地面 0.5m 以后，检查塔架表面的油漆状况，看是否有损伤，如有损伤，应立即补漆，因为一旦塔架安装完毕，再进行修补是非常困难的（吊装塔架前必须先通知塔架制造商，确保补漆颜色和塔架颜色一致）；如无损伤，则用棉布擦拭塔架表面，保持塔架表面的清洁（不能用清洗剂）。然后用清洗剂 1755 清洁塔架安装面。在吊升塔架之前，检查爬梯和吊装设备是否安装正确，同时清理塔架的上下法兰面及螺孔。

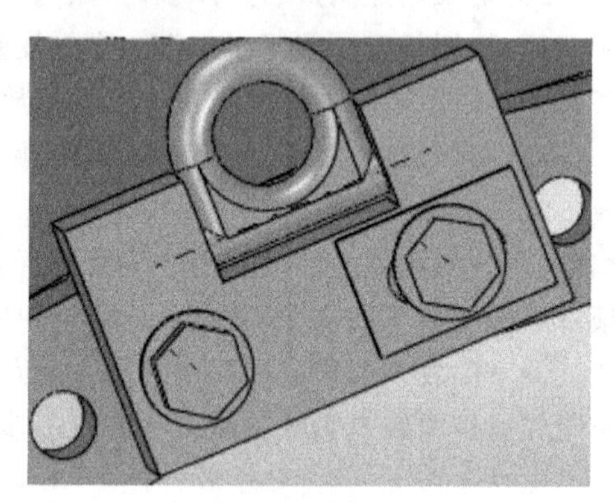

图 2-6-5 塔架吊装工装

9）如图 2-6-6a 所示，主副吊车同时起吊，待塔架离开地面以后，主吊车继续提升，副吊车则调整塔架底端和地面的距离（大约 1m），并使塔架垂直。

10）如图 2-6-6b 所示，主吊车缓慢提起塔架至竖直状态，拆底段塔架下法兰面吊具，吊车缓缓下降，在离基础环 2～5cm 时，旋转塔架使塔架法兰 0°位置与基础环 0°位置相对应，确保塔架门的朝向正确（背离主风向）。用两个撬棍调整塔架安装孔位置，对正塔基基础环安装孔位置，慢慢降低塔架使其接触，吊车持重载荷大于 30%（见图 2-6-7）。

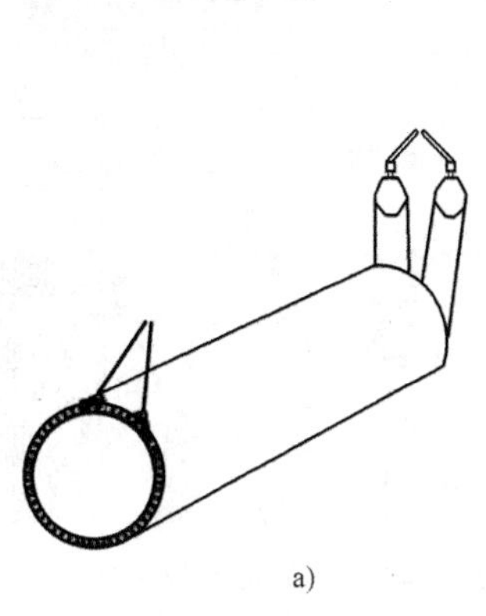

a)

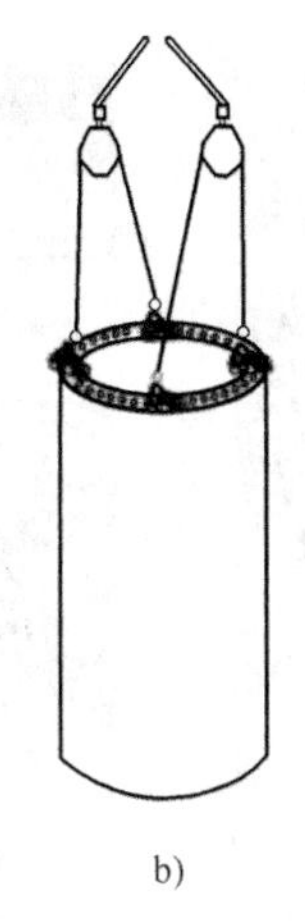

b)

图 2-6-6 塔架的方向调整

图 2-6-7 塔架吊装示意图

11）安装涂上 MoS_2的螺栓、螺母和垫圈（倒角面向螺栓杆或螺母）在法兰面上，同时要求螺母安装在上端。用电动扳手交叉预紧，电动扳手的力矩大约为 1000N · m。预紧螺栓后主吊即可卸载，并取下上法兰面的吊具。

12）用液压扳手分两次（第一次 50%，第二次 100%）把螺栓力矩交叉打至额定值，按照顺序，对每一个螺栓施加转矩，并在施加了扭矩的螺栓上做记号。安装完后检测塔架连接法兰间外侧，应无间隙（其他段塔架连接要求相同）。

13）注意：在低温条件下（温度小于-5℃时），施加的转矩不应该超过螺栓额定力矩值的 80%（其他塔架连接要求相同）。

14）安装塔基平台支撑：要求调节螺栓的高度使其可调支撑底座贴紧地面（见图 2-6-8）。

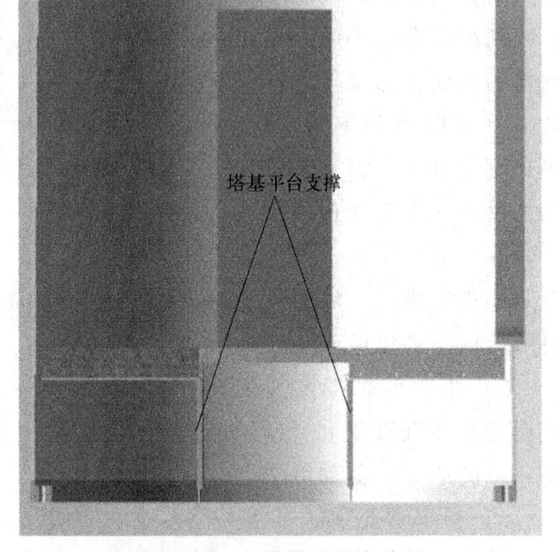

图 2-6-8 安装塔基平台支撑

三、机舱的吊装

1）如图 2-6-9 所示，用呆扳手拆下机舱底部封板和机舱运输工装后部支撑上端的 6 个连接螺栓（见图 2-6-10），用电动液压泵和液压扭力机+套筒 55（液压驱动头 11/2″）拆下机舱运输支架钢筒（见图 2-6-11）与机架的 36 个连接 M36 螺栓。

2）把与风轮安装需用的所有必要工具、螺栓和垫圈放在机舱中，将地线（1G240mm^2）、机舱供电（4G70）、U 相电缆（1×240mm^2）、W 相电缆（1×240mm^2）、V 相电缆（1×240mm^2）、照明和检修插座（5G2.5，3 根）通信电缆盘卷在机舱内，固定电缆。用清洗剂 1755 清洗主轴与轮毂连接的安装面，清洁机舱。

3）把 2 根很长的引导绳（约 100m）固定在塔架顶部，绳子从塔架顶部延伸到地面的机舱内，并固定在机舱内。

图 2-6-9　机舱运输工装后部支撑

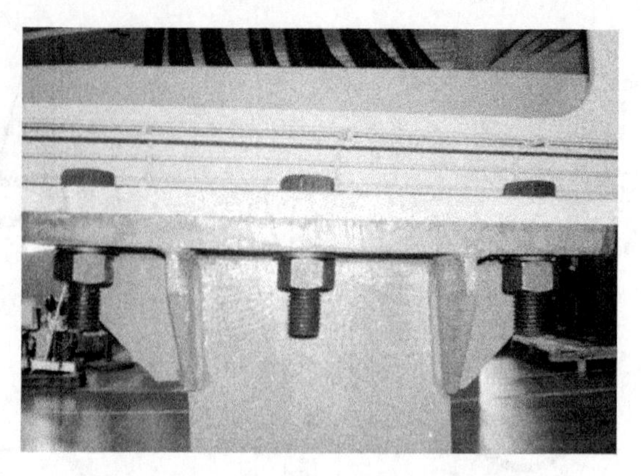

图 2-6-10　机舱运输工装后部支撑上端

4）将履带吊开到合适的吊装位置，按照前面详叙的机舱吊卸过程，重新安装机舱吊装工装，并使吊车处于刚好受力状态。当履带吊的吊装高度足够时采用正吊——履带吊的吊臂与主轴在同一平面内；当履带吊的吊装高度稍有偏小时采用侧吊——履带吊在机舱的侧面，吊臂与主轴空间垂直。若采用侧吊，需用到功率为 30kW、电压为 380V 的交流发电机，将发电机与一个能控制电动机正反转的控制面板连接，且控制面板至少要有 4 个通电状态一致的输出端，待机舱与塔架连接完毕后，将这 4 个输出端用临时电缆分别与 4 台偏航电动机连接。使机舱偏航到方便吊装风轮的角度。

图 2-6-11　运输支架钢筒拆除

5）用主起重机小心吊升机舱，当机舱完全与机舱运输工装分离后，用呆扳手将支撑孔盖板安装在机舱罩上（螺纹涂 1243 螺纹锁固剂）。然后将机舱吊升到比塔架顶部法兰盘稍高一点的地方，移到塔架上方。

6）根据塔架顶部安装人员无线电的指示，将机舱慢慢放低。人员下到塔架平台上，通过引导绳，并使用撬棍配合，使螺孔对正。然后安装螺栓和垫圈。减轻起重机载荷，使其偏航轴承安装面与塔架安装面接触，吊车持重载货不小于 30%，穿入螺栓和垫圈，先用电动扳手交叉打 1000N · m，然后吊车卸载，打完力矩后人员上到机舱中，卸下吊升设备，吊车升高，把提升设备吊下来。再用液压扳手交叉分两次（第一次 50%，第二次 100%）给螺栓打至额定力矩。并给施加了力矩的螺栓做标记（见图 2-6-12）。

7）盖上机舱盖天窗，如图 2-6-13 所示。

四、叶轮的组装与吊装

1. 风轮吊升前准备

1）选择轮毂与轮毂安装支架（HGZ004-01-00）台面上的定位孔标记相邻的两个叶片作

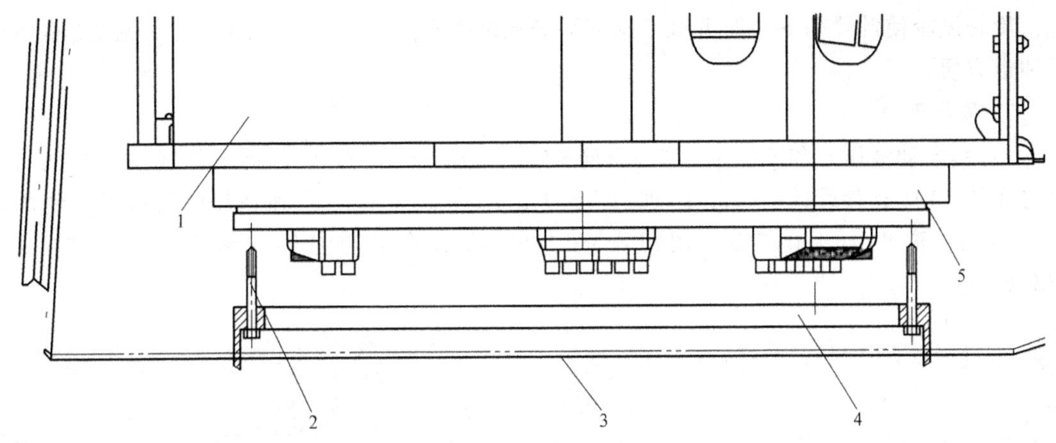

图 2-6-12 螺栓记号标记

1—机架 2—螺栓（穿入变桨轴承内圈） 3—机舱罩 4—塔架 5—变桨轴承

为主吊，另一个叶片作为辅吊。通过变桨控制柜转动变桨轴承使叶片的叶尖向上，推上叶片锁的齿槽，用力矩扳手+30 套筒打力矩 300N · m，不涂胶。以达到锁紧叶片，防止叶片吊装过程中旋转的目的（见图 2-6-14）。

2）在主吊的两个叶片的根部区域连接 2 根 30t/19m 的双眼吊带，套在叶片上，双眼吊带两端挂在起重机的吊钩上（见图 2-6-15）。安装时不能伤及导流罩（风轮翻转时吊带会向内移，吊带安装时尽量向外移，确保不伤及导流罩）。

图 2-6-13 盖上机舱盖

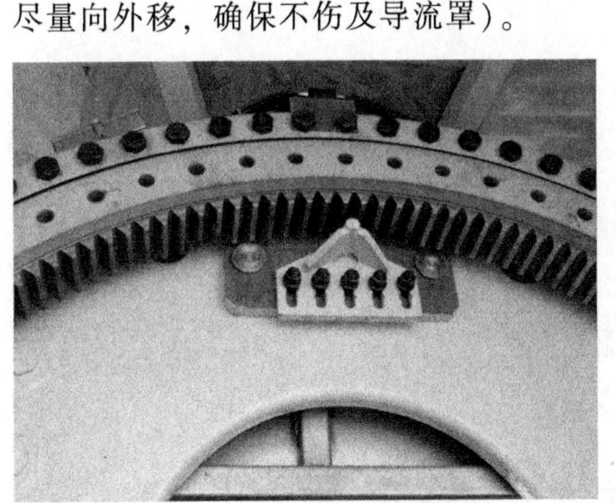

图 2-6-14 叶片的锁紧

图 2-6-15 叶轮的吊带

3）在第三个叶片的叶尖区域，放一个 10t/8m 的双眼吊带，吊带连接辅吊，用叶片护板保护叶片。

4）在主吊的两个叶片的叶尖处分别套入一个叶片牵引套，然后各固定一根 100m 长的绳子，第三个叶片安装叶片牵引套，安装 100m 绳子，用于吊升过程中的向导。吊装完成后，旋转风轮使叶片朝下，即可直接拉下绳子和牵引套。要求绳子绑缚牢固（见图2-6-16），拆卸也方便。

2. 吊装风轮

1）用电动液压泵和液压扭力机+套筒 65（液压驱动头 11/2″）拆下轮毂安装支架与轮毂之间的 12 个连接螺栓——M42×90（GB/T 5782—2016）。主吊和辅吊同时起吊，使风轮水平吊起，离地面 1m 左右。用清洗剂 1755 清洁轮毂与主轴安装面（法兰盘）（见图 2-6-17）。

图 2-6-16　叶片的绑缚

图 2-6-17　轮毂与主轴安装面清洁

2）系紧绳子并进行固定（如在汽车或是卡车上），这样才有可能按照正确的方向牵引风轮。在吊升过程中要保证绳子系紧，避免叶片撞击起重机吊臂或是塔架；也要求拆卸方便。

3）用主起重机吊升风轮，用辅助起重机牵引第三个叶片，直到风轮达到垂直状态（见图 2-6-18～图 2-6-20）。

图 2-6-18　叶片的吊装（一）

图 2-6-19　叶片的吊装（二）

4）当第三个叶片悬垂时，将风轮吊升到主轴法兰盘的高度。用主起重机和绳子配合，拉动风轮到法兰盘正前方位置（见图 2-6-21）。

图 2-6-20 叶片的吊装（三）

图 2-6-21 叶轮与机舱对接

注意： 吊升时，10 min 的平均风速必须低于 10m/s。

5）根据塔顶工作人员的无线电指示，将风轮小心地向主轴法兰盘靠近，松开高速轴制动器。

6）找到叶片和风轮锁紧盘的零位并对齐，如图 2-6-22 所示，风轮锁紧盘一共有 9 个叶片位置标记，其中只有在风轮锁紧盘正上方能形成星形，才是零位标记。要求安装时，该零位标记在正上方，如果偏出，则松开高速轴制动器，转动高速轴制动盘。

7）零位对齐后，继续使风轮靠近主轴法兰盘，尽力使轮毂对正对应的主轴法兰盘的安装孔，以得到螺栓连接的位置。

8）法兰盘接触后，将能插入轮毂的螺栓全部插入轮毂，用电动扳手预紧（1000N · m）。夹紧高速轴制动器，并插上风轮锁紧销。风轮安全固定后，缓慢减少起重机的载荷释放吊带。拉下第三根叶片的吊带和 100m 牵引绳。

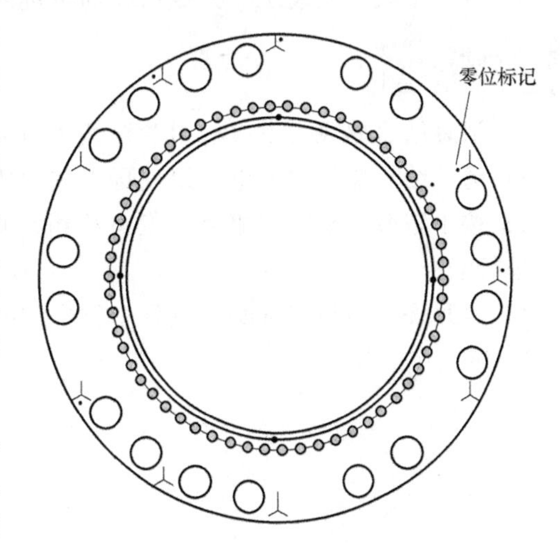

图 2-6-22 风轮锁紧盘

9）将吊索从吊钩上松开，并移离叶片。将吊索悬挂在吊钩上，用起重机吊回地面。操作过程中特别要注意安全，相关防护措施不可少。

10）再次松开制动器，缓慢转动风轮。把剩下的螺栓放入，螺纹涂 MoS_2，并用电动扳手尽可能交叉给螺栓预紧（1000N · m），再用液压扳手分两次（第一次 50%，第二次 100%）打至额定力矩，注意在施加了力矩的螺栓上做标记。

注意： 在低温条件下（温度小于 −5℃ 时），施加的力矩不应该超过螺栓额定力矩值的 80%。

11）松开制动器，缓慢转动风轮，当有牵引绳的叶片朝下时，尽力将绳子和牵引套从叶片上拉下来。如果不行，只有使用起重机上的手动吊篮，将绳子从叶片上拿下来。

五、安装后的检查

1）检查齿轮箱和发电机的冷却循环系统，确保冷却液压力为2~205bar。

2）检查齿轮箱、液压站的液位计，确保油位满足要求，偏航轴承内齿圈均匀涂抹润滑脂。

3）检查毂连接螺栓拧紧力矩，可检查其中的20%~30%。

检查轮毂与主轴连接螺栓拧紧力矩，可检查其中的20%~30%。

检查机舱与塔架连接螺栓拧紧力矩，可检查其中的20%~30%。

检查每节塔架连接螺栓拧紧力矩，可检查其中的20%~30%。

其他连接螺栓拧紧力矩，可检查其中的10%~15%。

注意：如果以上螺栓或螺母拧紧力矩未达到技术要求，则需重新全检该部分拧紧力矩。

4）检查和调整齿轮箱、联轴器和发电机同轴度。

5）拆卸联轴器连接筒，安装激光对中仪（仔细阅读说明书）和发电机调整工装，按照技术要求校正齿轮箱与发电机的同轴度（具体要求见联轴器说明书），然后拆卸激光对中仪。

6）连接联轴器连接筒螺栓（联轴器出厂自带），按要求拧紧力矩，拧紧发电机与弹性支撑连接螺母，用液压扳手+55套筒分两次（第一次50%，第二次100%）打满力矩。拆卸发电机调整工装。

7）以上吊装和安装工作完成后，即可进入整机的调试工作。

项目总结

1）请总结直驱风力发电机组和双馈风力发电机组现场安装分别可以分为哪几个步骤。

2）请总结直驱风力发电机组现场安装后要检测哪些项目。

3）按小组分工撰写直驱风力发电机组现场吊装方案（报告书或PPT）。每一小组选派一人进行汇报。

4）自我评述项目实训实施过程中发生的问题及完成情况，小组共同给出解决方案。

项目三　风力发电机组现场的电气安装与调试

项目描述

直驱风力发电机组的塔架、机舱、发电机、叶轮已吊装完成，请根据风力发电机组电气图样进行风力发电机组的电气安装，并对风力发电机组进行检测与调试，以保证风力发电机组正常运行。

项目目标

一、知识目标

1）掌握风力发电机组的电气基本原理。
2）掌握风力发电机组现场调试的方法。
3）清楚风力发电机组各技术参数的意义。

二、能力目标

1）能根据风力发电机组的电气图样进行风力发电机组的现场电气安装。
2）能根据风力发电机组的检测手册进行风力发电机组的检测。
3）能根据风力发电机组的现场调试手册完成风力发电机组整机的调试。

三、素质目标

1）具有获取、分析、归纳、交流、使用信息和新技术的能力。
2）具有团队合作意识。
3）具有吃苦耐劳的精神。
4）具有一定的口头与书面表达能力、人际沟通能力。

项目任务

任务一　风力发电机组现场电气接线工艺要求

一、电气接线通用要求

1. 下线要求

1）根据设计要求逐根下料并按图样线材编号做好标记，按工艺流程归类存放。

2）下线长度，如无特殊公差要求，按表 3-1-1 选择公差。

表 3-1-1　下线公差表

导线长度/mm	50	50～100	100～200	200～500	500～1000	>1000
公差/mm	0～+3	+3～+5	+5～+10	+10～+15	+15～+20	+20～+30

2. 剥绝缘层切断要求

1）剥切多芯电缆绝缘层时，使用电工刀切割用力要均匀、适当，不可损伤内部线缆绝缘。

2）0.25～2.5mm^2 单芯线缆应用剥线钳剥去绝缘层，注意按规格放入相应的齿槽中，以防芯线受损。剥线时不可损伤芯线。

3）浸锡：可提高焊接质量，防止虚焊。绝缘导线经过剥头和捻头后，应在尽可能短的时间内浸锡，否则时间过长易出现氧化层，造成浸锡不良。芯线浸锡时不应触到绝缘层端头，浸锡时间为 1～3s。

3. 布线要求

1）导线排列整齐、牢固且尽可能美观，做到横平竖直，以利于维护。

2）线槽布线，要求导线应理直且束紧，不允许存在扭结和交叉现象；悬空走线，需用线夹夹紧，需要转弯的地方应尽量美观。

3）导线不应承受外力。线束转弯处应有圆弧过渡，电缆最小弯曲半径见表 3-1-2（表中 D 为电缆外径）。严禁尖角弯折，避免损坏导线及绝缘层，避免压力集中而降低使用寿命。

表 3-1-2　电缆最小弯曲半径

电缆型式		最小弯曲半径	
		多　芯	单　芯
控制电缆	非铠装型、屏蔽型软电缆	$6D$	/
	铠装型、铜屏蔽型	$12D$	/
塑料绝缘电缆	无铠装	$12D$	$15D$
	有铠装	$15D$	$20D$
橡胶绝缘电力电缆	无钢铠护套	$10D$	
	有钢铠护套	$20D$	

4）线束穿过金属孔或锐边时，应事先嵌装橡胶衬套或防护性衬垫。导线中间不允许有接点。

5）导线分支应从主干线侧下方抽出，以保持导线束表面整齐美观。电缆应远离旋转和移动部件，避免电缆悬挂、摆动。

6）电缆应横平竖直，均匀排布，拐弯处应自然弯弧，弯弧半径不应小于表 3-1-2 中规定的电缆最小弯曲半径。

4. 束线要求

1）导线线束一般不宜超过 50 根。

2）线束外表排线应尽可能成圆柱形，线束的分支和线束处用合适的绑扎线带束紧。

3）相同走向电缆应并缆，电缆绑扎线带绑扎间距为 150～200mm。束线带间距可根据路线适当调整，但必须保证间距排布均匀。

4）不同线束捆扎在一起时，应用两根扎带扎成 8 字形隔开。禁止直接将所有线束一次性捆扎在一起。

5. 端子压接要求

1）管形预绝缘端子、M 型铜窥口端子必须分别选用棘轮管形压线钳和手动液压电缆压线钳压接（注意：压线钳选口要正确，芯线穿入端头时不能分岔）。管形预绝缘端子根据端头的长短选择压接痕数，端头短的压 2 道，端头长的压 3 道（见图 3-1-1）。

2）电缆绝缘层需完全穿入绝缘套管，芯线需与针管平齐，如有多余芯线需用斜口钳去除。芯线穿入 M 型铜窥口端子，需在窥口处看到芯线。

3）压接完后需稍用力拉拔端头，检查是否牢固。

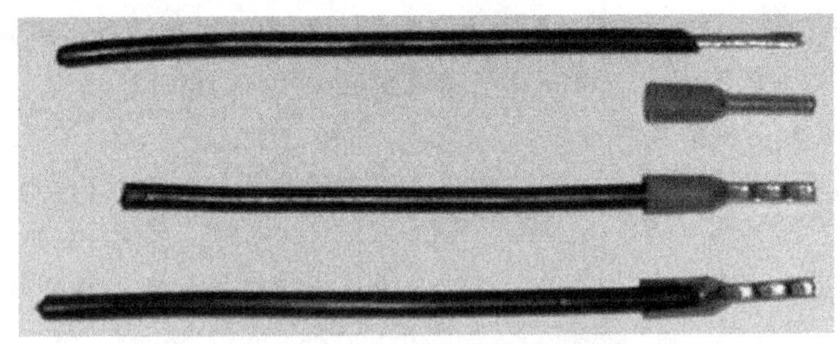

图 3-1-1 管形预绝缘端子的压接

6. 端子接线要求

1）管形预绝缘端子用压线钳压好后，其一面平整而另一面有凹槽。端子与弹簧端子连接时，必须将管形预绝缘端子的平整面与弹簧端子的金属平面相连。

2）束线带使用要求：根据绑扎电缆的整体外径及重量选取合适长度及宽度的束线带，束线带断口长度不得超过 2mm。相邻电缆位置束线带断口需向外，不得夹在电缆中间。

7. 防腐要求

1）环形预绝缘端子和铜窥口端子用压线钳压好后，在线芯与端子的结合部用绝缘胶带均匀紧密缠绕，防止电缆内部进入潮气腐蚀线芯，最后套热缩管防护。

2）铜接线端子连接前需要在端头上以及接触面上涂导电膏，涂导电膏时要注意并不是涂得越多越好，只需涂上薄薄的一层，将表面不平整的地方填平达到增加接触面积的目的即可。

3）接地部分（包括接地排、接地扁铁及接地耳板）连接时，所有端头紧固好后，需要在端头及周围裸露的金属表面喷镀铬自喷漆，注意喷涂应均匀。喷镀铬自喷漆要求喷两遍，第一遍和第二遍之间间隔 4h 以上。

8. 绑扎带使用要求

1）根据绑扎电缆的整体外径及重量选取合适长度及宽度的绑扎带，绑扎带断口长度不得超过 2mm。

2）电缆应远离旋转、移动部件，避免电缆悬挂、摆动。

3）相同走向电缆应并缆，用规定的绑扎带固定，控制电缆绑扎带间距在 150mm 以内，对于 70mm^2 以上的动力电缆，应选择适合位置绑扎。绑扎带间距可根据路线适当调整，但必须保证间距相同。

二、风力发电机组内电缆接线的特殊要求

1. 发电机电缆安装要求

1）组装风力发电机组时，发电机转向及发电机出线端的相序应标明，应按标号接线，

并在第一次并网时检查相序是否正确。

2）电气系统及防护系统的安装应符合图样设计要求，保证连接安全、可靠，不得随意改变连接方式，除非设计图样更改或另有规定。

3）除电气设计图样规定的连接外，其他附加电气线路的安装（如防雷系统）应按有关文件或说明书的规定进行。

2. 机舱至塔架底部控制柜线缆安装要求

1）机舱至塔架底部控制柜的控制及电力电缆应按国家电力安装工艺中的有关要求进行安装，应采取必要的措施防止机组运行时由于振动引起的电缆摆动和机组偏航时产生绞缆。

2）各部件接地系统应安全、可靠，绝缘电阻应大于1MΩ。

3. 塔架内电缆的安装要求

1）考虑到电缆的重量及操作的困难性，塔架在吊装前就应在其内部将电缆初步排列并固定。

2）塔架、机舱和风轮安装完成后，再将电缆从顶部到塔架底部依次接好接头、排列整齐并固定牢靠。

4. 机舱内电缆的安装要求

1）机舱内电缆的安装包括到风轮轮毂内的电缆连接及固定，集电环接线、机舱控制柜的接线，发电机接线，低速轴转速、高速轴转速、发电机转速以及变桨、偏航编码器传感器、液压站、润滑系统、排风扇、加热器、防雷等附属设备的接线及电缆固定。

2）电缆安装的基本要求是接头可靠、线号标识清楚、电缆排布整齐、信号电缆受强电干扰小、电缆不易受到外界的损伤等，严格按照国家相关规范执行。

5. 塔底电缆的安装要求

1）包括从机舱下来的电缆接线、从塔架外部箱式变压器的接线等。这些电缆连接机舱到地面控制器，从塔的上平台一根一根地展开电缆，同时，这些电缆通过塔的内部被放下。注意，不要把整卷电缆向下放进塔的内部。

2）主梁金属托架出口处的已经被展开的电缆不能被拉紧，为了避免被拉紧，电缆用法兰固定，在金属托架和法兰之间留出一定的空间。对于光缆应该特别小心。

3）所有的控制电缆被展开后，将这些从金属托架向下的电缆整理整齐并用法兰固定好，避免电缆被拉紧或者电缆相对于托架和第一分隔环之间的物体的摩擦。在分隔环中，这些电缆的位置应该尽可能地远离通到发电机转子的电源电缆。

4）电缆用法兰固定到所有的环上，且在各环之间的每个中点都放置一个法兰。

5）在到达塔的中间平台时，这些电缆的铺设路径与电源电缆的路径相同，它们都处在相同的位置上。这些电缆留有电缆结（见图3-1-2），它们比电源的电缆结稍微高一点，并且没有非常尖锐的弯曲。

6）在电缆固定到塔架壁的地方，电缆不能被拉紧。从这里开始，电缆每隔1m就要用法兰固定，无论有没有塔壁支持法兰。

图3-1-2 电缆结

任务二　风力发电机组现场电气装配

以某公司 2MW 直驱风力发电机组为例说明风力发电机组现场电气装配，其工作流程如下：工作前准备——塔架布线——塔基控制柜布线、接线——变频柜布线、接线——主电缆布线、接线——机舱布线、接线——发电机布线、接线——接地总成——电气检查。

一、工作前的准备

1）准备好风力发电机组机舱、轮毂和塔基控制柜图样，以及机舱、轮毂和塔架的电气图样。

2）安装接线前先熟悉整个电气系统，了解机组各部分之间的连接，风力发电机组的电气接线图如图 3-2-1 所示。

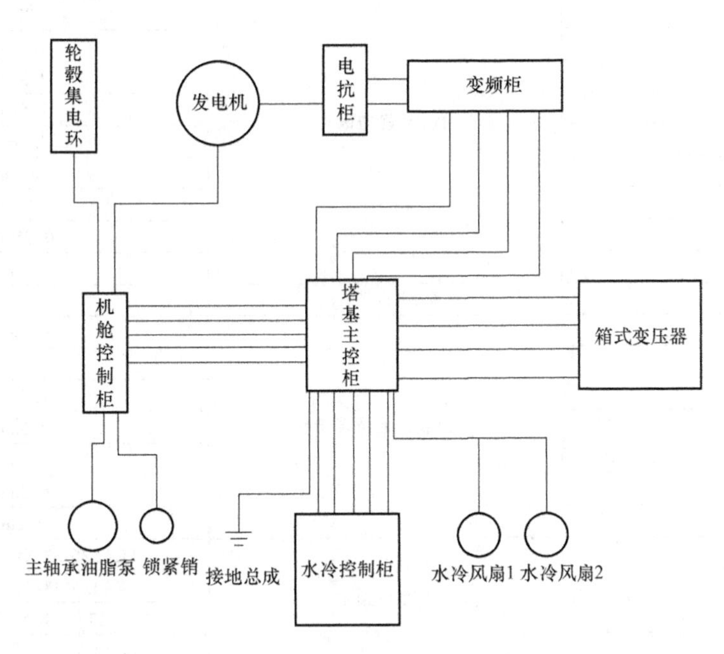

图 3-2-1　风力发电机组的电气接线图

① 塔基主控柜：风力发电机组主控柜中包含有高度集成的控制模块 、超速模块、转速模块、各种断路器、电机起动保护开关、继电器（接触器）等。

② 轮毂集电环：用于传输变桨功率和控制所需的能量和电气信号。

③ 变频柜：变频柜主要用于调节设备的工作频率，减少能源损耗，能够平稳起动设备，减少设备直接起动时产生的大电流对电机的损害。

④ 水冷风扇：用于冷却发电机。此外，它包含一个油冷却元件，用于冷却齿轮箱内的油。

⑤ 箱式变压器：降低风力发电机组输出电能的损耗和稳定电压。各风力发电机组需配置一台箱式变压器，然后并入 100kV 升压变电站输送到电网。

⑥ 水冷控制柜：变流器采用水循环冷却方式，柜体采用散热管道铺设方式散热。

3）材料的准备：根据风力发电机组的现场电气安装工序要求备齐所需的材料，并核对每个元器件的规格及数量。

① 主要材料表见表 3-2-1。

表 3-2-1 主要材料表

序号	名称	规格
1	H07RN-F 电缆	300mm^2
2		240mm^2
3		50mm^2
4		35mm^2
5		1.5mm^2
6	FDZ-GEYH 电缆	240mm^2
7	VULTFLEX 接地电缆	240mm^2
8		50mm^2
9	KVCY 屏蔽电缆	2×0.5mm^2
10		0.75mm^2
11		1.5mm^2
12		2.5mm^2
13		2.5mm^2
14		4.0mm^2
15		50mm^2
16		25mm^2
17		0.75mm^2
18		0.5mm^2
19	Fastbus 光缆	
20	管形预绝缘端子	0.5mm^2
21		0.75mm^2
22		1.5mm^2
23		2.5mm^2
24		4.0mm^2
25		6.0mm^2
26		35mm^2
27	铜窥口端子	LCA1/0-38-X(240mm^2)M16
28		LCA1/0-38-X(240mm^2)M12
29		LCA1/0-38-X(50mm^2)M10
30		LCA1/0-38-X(300mm^2)M12
31	热缩套管	ϕ9mm
32		ϕ11mm
33		ϕ16mm
34		ϕ20mm
35		ϕ40mm

② 辅助材料表见表 3-2-2。

表 3-2-2 辅助材料表

序号	名称	规格
1	束线带	300mm
2		200mm
3		100mm
4		60mm

（续）

序　号	名　称	规　格
5	橡胶绝缘防护衬套	
6	绝缘胶带	
7	美纹胶带	
8	尼龙绳	
9	电缆标签	H200×044F2T
10	电缆标识牌	AT2-BLACK
11	金属固定夹	
12	单面胶密封垫	
13	白色线标识套管	0.5mm^2
14		0.75mm^2
15		1.5mm^2
16		2.5mm^2
17		4.0mm^2
18		6.0mm^2
19	无铅锡丝	
20	松香	

4）工具的准备：根据风力发电机组现场电气安装工序要求备齐所需的工具（见表3-2-3），并核对每个工具的规格和数量。

表 3-2-3　工具表

序　号	名　称	规　格	数　量
1	工具包		1
2	工作行灯		1
3	手电筒		1
4	排插	（5/10m）	1
5	线盘	220V 30m/440V 30m	1
6	热风枪		1
7	万用表		1
8	剪刀		1
9	多用电工刀		1
10	卷尺 30m		1
11	剥线钳	1.0~3.2mm^2	1
12		0.5~6.0mm^2	1
13		8~28mm^2	1
14		16~300mm^2	1
15	电缆一字端子压线钳	0.25~6.0mm^2	1
16		WS-166-16mm^2	1
17		10~35mm^2	1
18	M 型端子压线钳	0.5~6.0mm^2	1
19	M 型端子手动液压压线钳	6~50mm^2	1
20		16~300mm^2	1
21	电缆剪线钳	MAX60mm	1
22	一字螺钉旋具	50mm	1
23		100mm	1
24		300mm	1
25		50mm	1
26		100mm	1
27		300mm	1

（续）

序　号	名　称	规　格	数　量
28	内六角扳手	4~19mm	1套
29	套筒扳手组件	5~13	1套
30		10~30	1套
31	斜口钳	125mm PM715	1
32	钢丝钳		1
33	尖嘴钳		1
34	双呆扳手组套	6×7~30×32（12件套）	1套
35	烙铁座	25W/220V	1
36	数字感应验电笔		1
37	相序表	40~70V　15~400Hz	1
38	三相电能质量检测仪		1
39	绝缘电阻表	1000V/0~1000MΩ	1
40	交直流两用回路钳形表		1

二、塔架布线

考虑到电缆的重量及操作的困难性，塔架在吊装前就应在其内部将电缆初步排列并固定。塔架、机舱和风轮安装完成后，再将电缆从顶部到塔架底部依次接好接头、排列整齐并固定牢靠（见图3-2-2）。

① 现场剪裁 H07RN-F $1\times300mm^2$ 主电缆 90m×12 根，机舱电源 12W1 HO7RN-F $1\times50mm^2$ 电缆 100m×1 根。

② 主电缆用美纹胶带、记号笔按1~12号顺序编号，同一根电缆两端做相同编号。为防止脱落，每根电缆的编号间隔200mm重复标记（见图3-2-3）。

图3-2-2　塔架布线

图3-2-3　塔架内电缆

③ 将主电缆首端拉直、排列整齐，按电缆编号对应主电缆线夹位置，从上至下依次固定在第三节塔架的电缆夹上，用螺钉锁定。机舱电源12W1卡定在第三节塔架的机舱电源电缆夹上（见图3-2-4）。

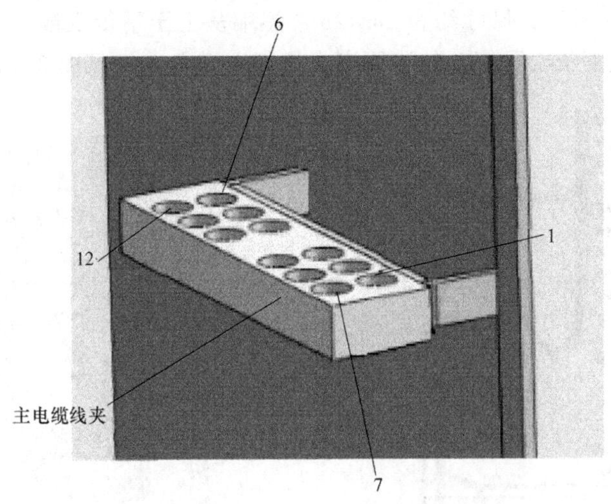

图 3-2-4　主电缆布线

注：1、6、7、12 为电缆夹对应编号。

④ 电缆预留长度要求：首端，机舱电源、主电缆穿过电缆支架，塔架平台中心过线孔伸出塔架顶部法兰 9.0m 固定；尾端，余留电缆过塔架平台中心过线孔平铺于塔架内（见图 3-2-5、图 3-2-6）。

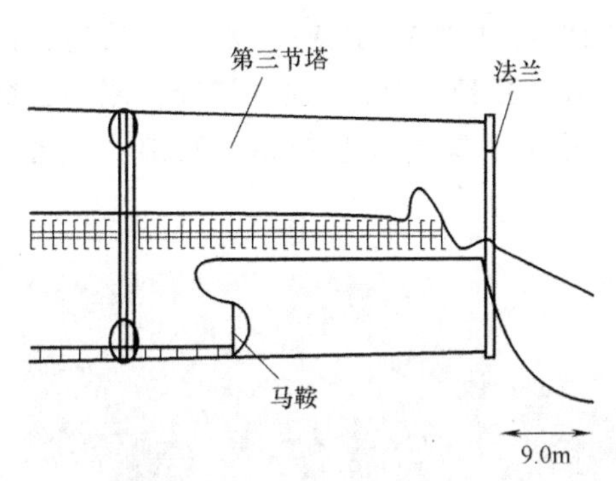

图 3-2-5　塔架内布线（一）

图 3-2-6　塔架内布线（二）

⑤ 检查塔架内照明电缆是否已布置好。如无接线，单节塔架内的照明电缆 33W4 按 AC220V 接线方式接好，预布置好相连塔架间照明电路到第一节塔架内。

⑥ 将机舱接地电缆、急停电缆 70W3 两端用相同编号电缆标签标注，缠绕成卷，放置于第三节塔架顶部随塔架一起吊装（见图 3-2-7）。

⑦ 整机吊装完成后，将主电缆、12W1、70W3、机舱接地电缆从第三节塔架顶端布线至塔基相应位置，为塔基接线做准备。主电缆、12W1、70W3、机舱接地电缆预留尺寸：首端伸出塔架顶部法兰

图 3-2-7　塔架内电缆放置

9.0m。马鞍处制作U形环，尺寸约为2m×2m；尾端从上至下依次顺直、拉紧。按电缆编号对应电缆位置从上至下依次顺直、拉紧固定在塔架电缆夹上（见图3-2-8、图3-2-9）。

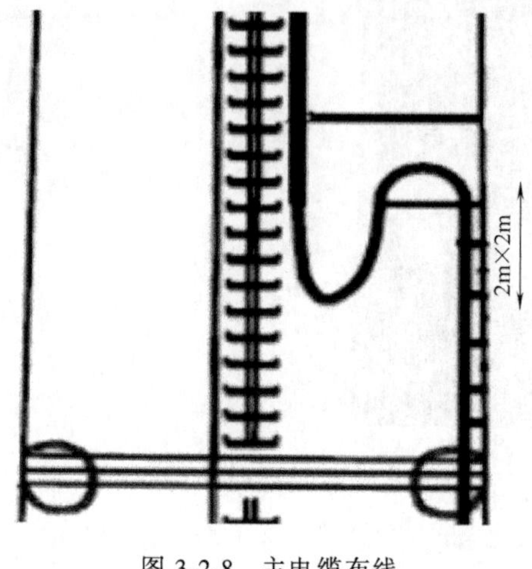

图3-2-8　主电缆布线

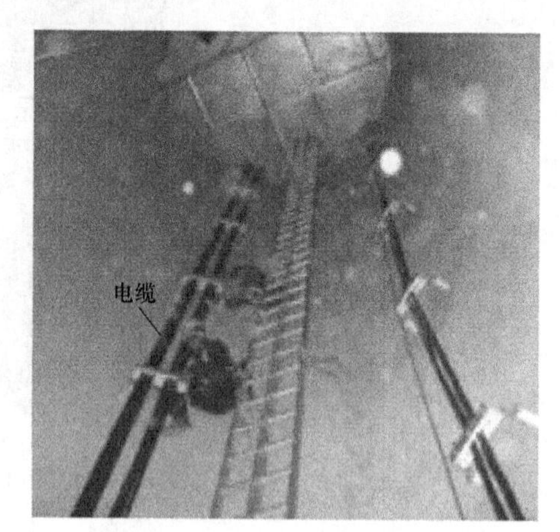

图3-2-9　塔架电缆

三、塔基控制柜布线、接线

1. 塔基控制柜与水冷柜布线

1）电缆53W3、53W5、91W3、92W3、91W5、92W5、14W3、17W3、水冷柜接地，两端用相同的电缆编号标签标注。首端从水冷柜底部穿入，预留2.0m，预备接线；尾端，穿过塔基平台过线孔，沿平台底部支架布线，弯折大U形后，穿过塔基控制柜底部，预备接线（见图3-2-10~图3-2-13）。

图3-2-10　水冷柜布线（一）

图3-2-11　水冷柜布线（二）

2）53W3、53W5、91W3、92W3、91W5、92W5、14W3、17W3首端剥去绝缘层，用绝缘胶带包覆，单芯线沿水冷柜走线槽布线至端子排，预备接线（见图3-2-14）。

2. 塔基控制柜与水冷风扇布线

15W3、16W3两端用相同的编号电缆标签标注。首端从塔架门上过线孔穿入，尾端穿过塔基平台过线孔，沿平台底部支架布线，弯折大U形后，穿过塔基控制柜底部，预备接线（见图3-2-15~图3-2-17）。

图 3-2-12　水冷柜布线（三）

图 3-2-13　水冷柜布线（四）

图 3-2-14　水冷柜布线（五）

图 3-2-15　塔基控制柜与水冷风扇布线（一）

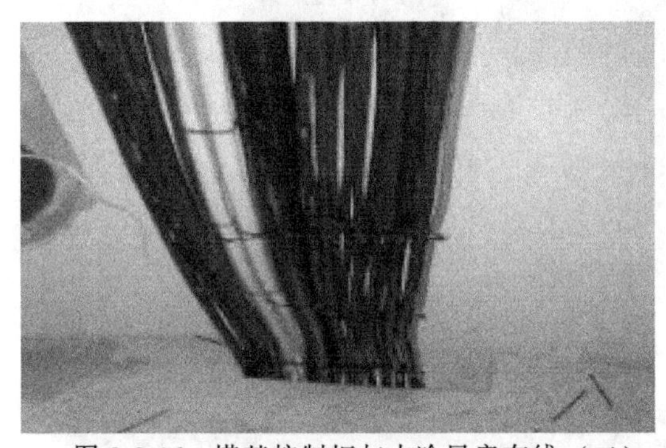

图 3-2-16　塔基控制柜与水冷风扇布线（二）

图 3-2-17　塔基控制柜与水冷风扇布线（三）

3. 塔基控制柜与箱式变压器布线

箱式变压器供给塔基控制柜电源电缆 11W1，变压器监控电缆、通信光缆的布线由箱式变压器厂商提供。

四、变频柜布线、接线

1. 塔基控制柜与变频柜布线

17W5、31W2、31W3、71W3、82W9、82W10 两端用相同的编号电缆标签标注。首端从塔基控制柜底部穿入，71W3 预留 2.3m，31W2、31W3、17W5、82W9、82W10 预留 0.8m，

预备接线。尾端，沿塔架平台底部支架布线，弯折 U 形后，穿过变频柜底部，预备接线（见图 3-2-18、图 3-2-19）。

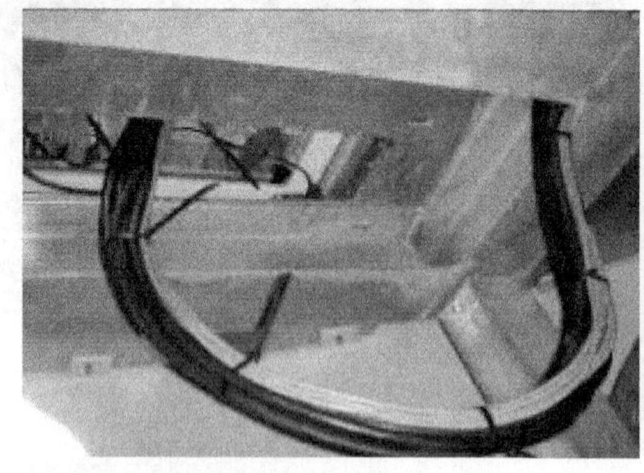
图 3-2-18　变频柜布线（一）

图 3-2-19　变频柜布线（二）

2. 电抗柜布线

电抗器开关电缆、电抗器风扇电源、电抗器检测电源、电抗柜接地首端从电抗柜底部穿入，预留 1.0m，预备接线。尾端，沿塔架主电缆夹布线至塔架平台底部，沿塔架平台底部支架布线，然后穿过塔基平台过线孔，弯折 U 形后，穿过变频柜底部，预备接线（见图 3-2-20～图 3-2-23）。

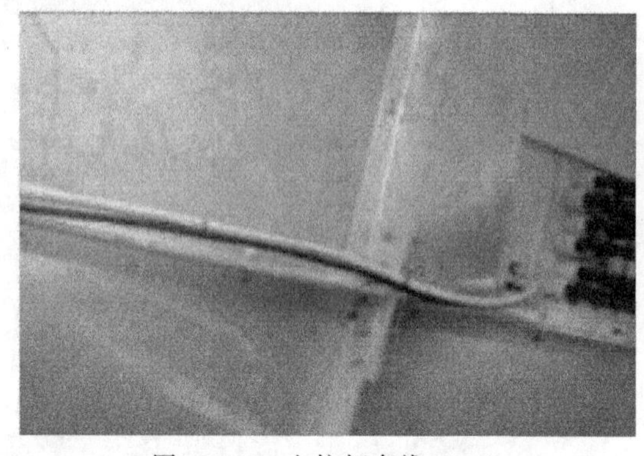
图 3-2-20　电抗柜布线（一）

图 3-2-21　电抗柜布线（二）

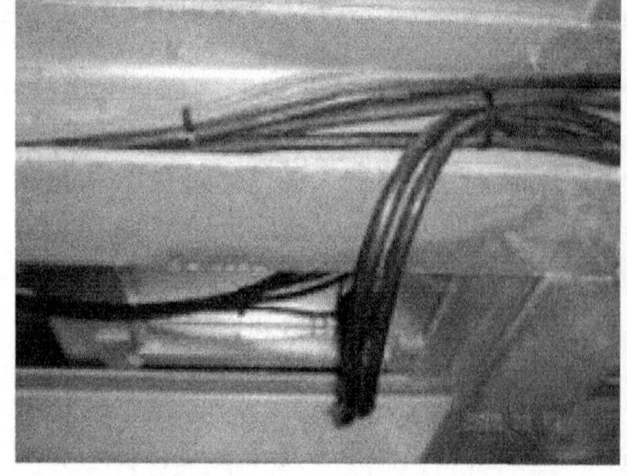
图 3-2-22　电抗柜布线（三）

图 3-2-23　电抗柜布线（四）

五、主电缆布线、接线

1. 电缆下线

主电缆用量表见表 3-2-4。

表 3-2-4 主电缆用量表

序号	电缆描述	总量	电缆编号	用量
1	HO7RN-F 1×240mm² 电缆	1080m	主电缆	12×90m
2	HO7RN-F 1×240mm² 电缆	240m	主电缆	12×20m

2. 发电机-电抗柜主电缆布线

1）塔架内主电缆布线在整机吊装后已完成（参照塔架布线）。首端做 U 形环布线至电抗柜。尾端主电缆伸出第三节塔架法兰 5.0m 部分，布线前按电缆编号理顺，对应机舱爬梯电缆夹编号依次固定。

2）穿过机舱地板总成主电缆过线孔，分上下两层平铺于发电机爬梯上，过发电机爬梯电缆夹、发电机锥形支撑，按电缆编号顺序（见图 3-2-25）布线至发电机接线盒内（注：主电缆需先穿过接线盒绝缘防护套再剥绝缘层压接 M 型铜接头，见图 3-2-24～图 3-2-28）。

图 3-2-24 发电机布线（一）

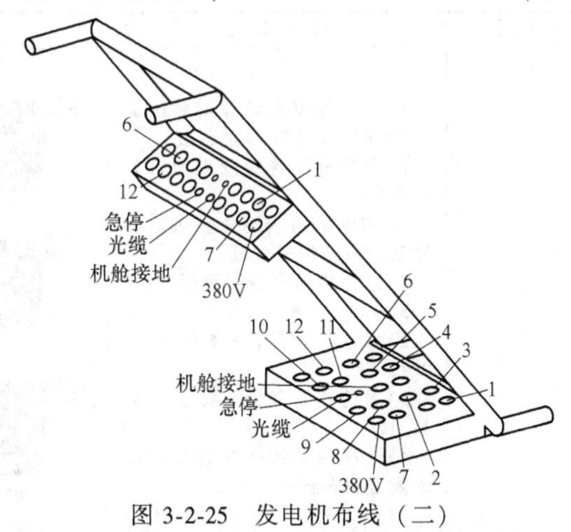

图 3-2-25 发电机布线（二）

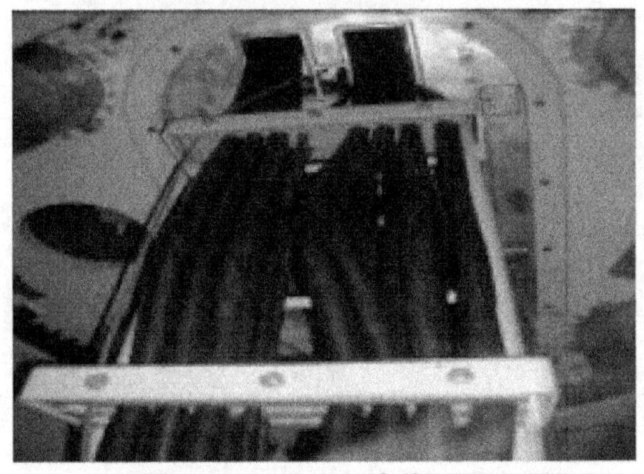

图 3-2-26 发电机布线（三）

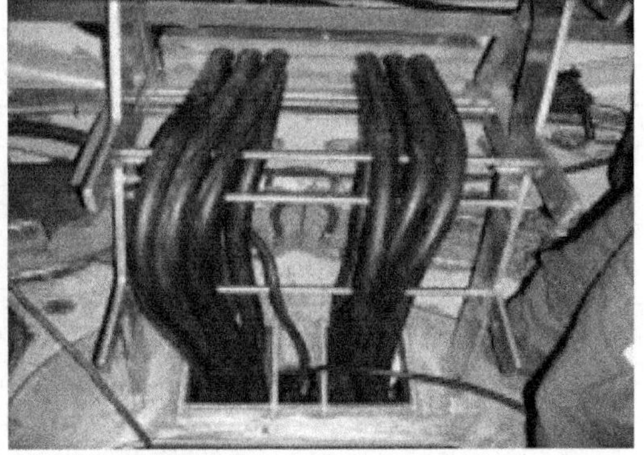

图 3-2-27 发电机布线（四）

3. 电抗柜-变频柜主电缆布线

主电缆接电抗柜下接线铜排，从电抗柜底部过线孔布线至变频柜内，再接变频柜上接线铜排（见图 3-2-29）。

图 3-2-28　发电机布线（五）

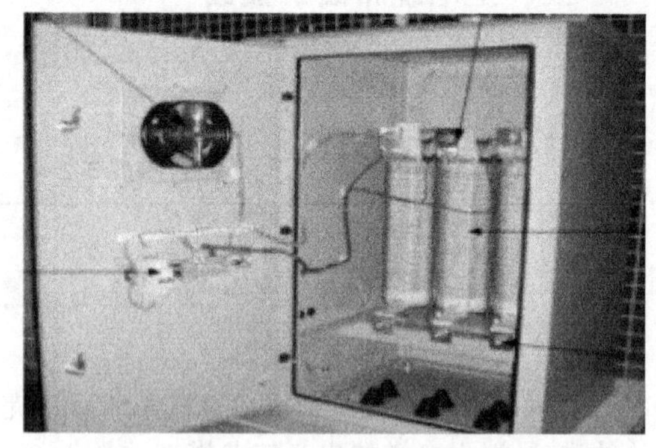

图 3-2-29　变频柜布线

4. 主电缆端头制作

主电缆端头的制作见表 3-2-5。

表 3-2-5　主电缆端头制作表

电缆编号	制作方法	图面尺寸	所需材料
主电缆	1. 主电缆剥离绝缘层后压接 M 型铜窥口接头(3 道压痕) 2. 压痕处用绝缘胶带均匀紧密缠绕 3. 主电缆两端用彩色热缩套管对应电缆编号包覆： 1)红色热缩套管—编号 1、2、7、8 2)绿色热缩套管—编号 3、4、9、10 3)黄色热缩套管—编号 5、6、11、12 4)电缆两端按接线表分别接入发电机和开关	编号 3、4、9、10 绿色 编号 1、2、7、8 红色 编号 5、6、11、12 黄色	M16 ×240mm² 铜接头； 红、绿、黄热缩套管； 绝缘胶带

电抗柜-变频柜主电缆接线表见表 3-2-6。

表 3-2-6　电抗柜-变频柜主电缆接线表

电抗柜	线材编号	变频柜	说明
铜排 L1 红色	主电缆-1 红	铜排 L1 红色	电抗柜 1-变频柜 1 主电缆
	主电缆-7 红		
铜排 L2 绿色	主电缆-3 绿	铜排 L2 绿色	
	主电缆-9 绿		
铜排 L3 黄色	主电缆-5 黄	铜排 L3 黄色	
	主电缆-11 黄		
铜排 L1 红色	主电缆-2 红	铜排 L1 红色	电抗柜 2- 变频柜 2 主电缆
	主电缆 8 红		
铜排 L2 绿色	主电缆-4 绿	铜排 L2 绿色	
	主电缆-10 绿		
铜排 L3 黄色	主电缆-6 黄	铜排 L3 黄色	
	主电缆-12 黄		

六、机舱布线、接线

1. 塔架主控柜-机舱柜布线

1）机舱吊装前，将光缆放入机舱内随机舱一起吊装。光缆塔架内布线参照“塔架布线项”。

2）机舱电源电缆12W1、急停电缆70W3、照明线33W4、机舱接地电缆布线在塔架吊装已完成（参照塔架布线）。

3）12W1、70W3、光缆、机舱接地电缆首端伸出塔架顶部法兰5.0m部分，对应机舱爬梯电缆夹编号依次固定。穿过机舱地板总成电缆过线孔，平铺于发电机爬梯上，沿机舱内支架布线。机舱接地电缆与机舱接地总成连接。12W1、70W3布线至机舱控制柜底部，预备接线。光缆沿机舱柜布线槽布线至光缆接口。尾端，弯成U形环与塔基控制柜接线（见图3-2-30~图3-2-36）。

图3-2-30 机舱控制柜布线（一）

图3-2-31 机舱控制柜布线（二）

图3-2-32 机舱控制柜布线（三）

图3-2-33 机舱控制柜布线（四）

图 3-2-34　机舱控制柜布线（五）

图 3-2-35　机舱控制柜布线（六）

2. 气象站布线

1）气象站安装：机舱吊装前，先将航空灯电缆、风速电缆 83W1、83W2，风向 1 电缆 91W1、91W2，风向 2 电缆 92W1、92W2 及外温传感器 93W5 穿过气象站支架，将气象站整体安装于机舱顶部（见图 3-2-36、图 3-2-37）。

图 3-2-36　气象站布线（一）

图 3-2-37　气象站布线（二）

2）整机吊装完成后，83W1、83W2、91W1、91W2、92W1、92W2、93W5 沿电缆导向条与 83W3 连接。航空灯电缆沿电缆导向条与 12W3 连接（见图 3-2-38、图 3-2-39）。

图 3-2-38　航空灯布线（一）

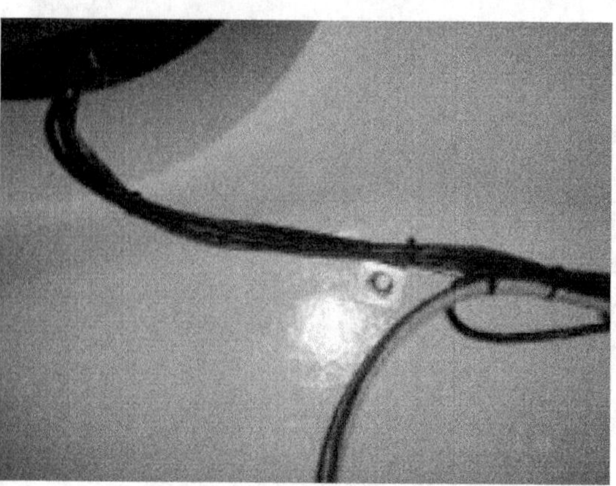

图 3-2-39　航空灯布线（二）

3. 轮毂与机舱柜布线

集电环电源 14W10 及 CAN 总成 71W3，首端从集电环出现，尾端沿轮毂电缆导线条、主轴承油脂泵支架的电缆走线槽、机舱安装支架布线至机舱底部，预备接线（见图 3-2-40～图 3-2-42）。

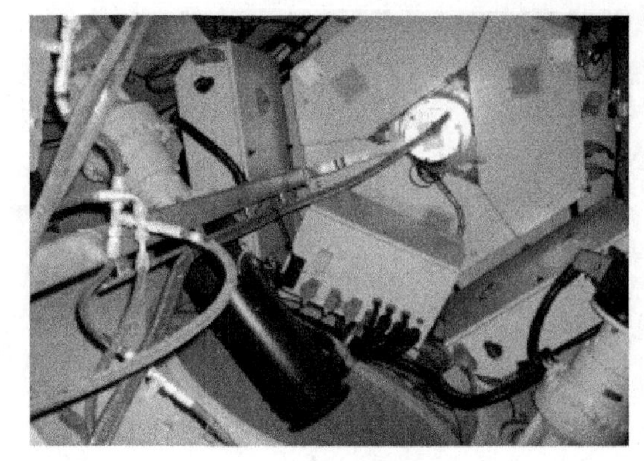

图 3-2-40 轮毂布线（一）

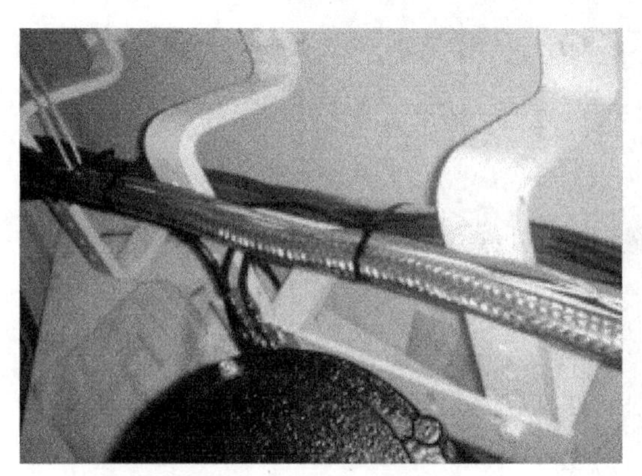

图 3-2-41 轮毂布线（二）

图 3-2-42 轮毂布线（三）

4. 扭缆传感器与机舱柜接线

扭缆传感器电缆 95W2、52W8 尾端穿过机舱底部过线至机舱控制柜底部，预备接线。

七、发电机布线、接线

1. 电缆下线

发电机电缆下线表见表 3-2-7。

表 3-2-7 发电机电缆下线表

序 号	电 缆 描 述	总 量	电 缆 编 号
1	KVCY 25×0. 5mm² 屏蔽控制电缆	机舱自带	91W4
2	主轴承温度传感器电缆	发电机自带	感温线
3	KVCY 4×1. 0mm² 屏蔽控制电缆	机舱自带	53W10-1
4	KVCY5PE+SH0. 5mm² 屏蔽控制电缆	锁紧销自带	96W3
5	主轴承油脂泵液位线电缆	油脂泵自带	液位线

2. 发电机与机舱布线

发电机温控电缆 91W4 首端从机舱接线盒出线，尾端沿主轴承油脂泵支架的电缆走线槽布线至发电机接线端子盒内，预备接线（见图 3-2-43～图 3-2-45）。

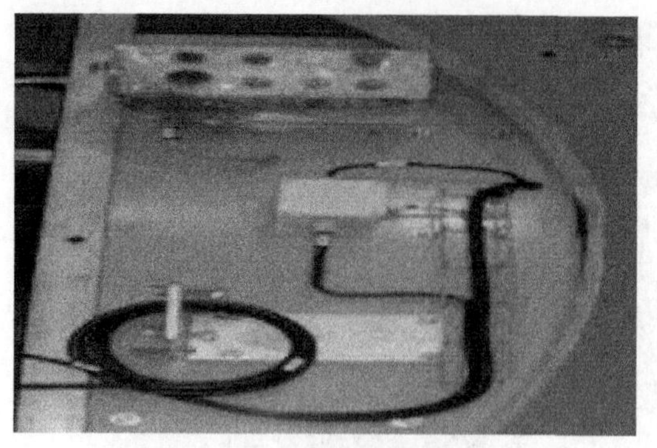

图 3-2-43　发电机布线（一）

图 3-2-44　发电机布线（二）

图 3-2-45　发电机布线（三）

3. 主轴承布线

电缆主轴承温度传感器自带：尾端沿吹风管道电缆导线条、主轴承油脂泵支架的电缆走线槽布线至发电机接线端子盒内，预备接线（见图 3-2-46、图 3-2-47）。

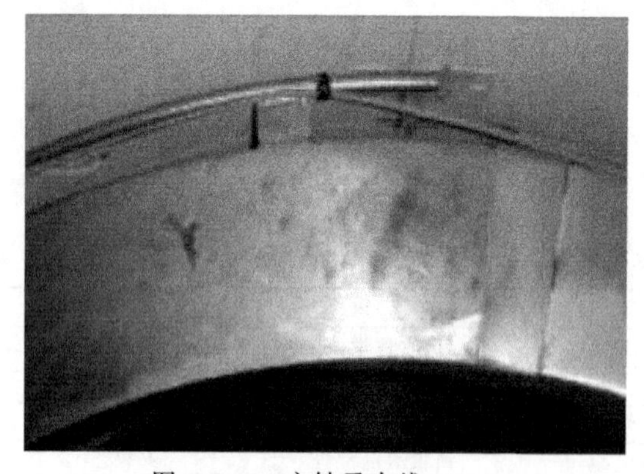

图 3-2-46　主轴承布线（一）

图 3-2-47　主轴承布线（二）

4. 锁紧销传感器布线

电缆 96W3 元件自带：尾端沿轮毂电缆导线条、主轴承油脂泵支架的电缆束线槽布线至机舱内（96W3-1）端子盒，预备接线（见图 3-2-48、图 3-2-49）。

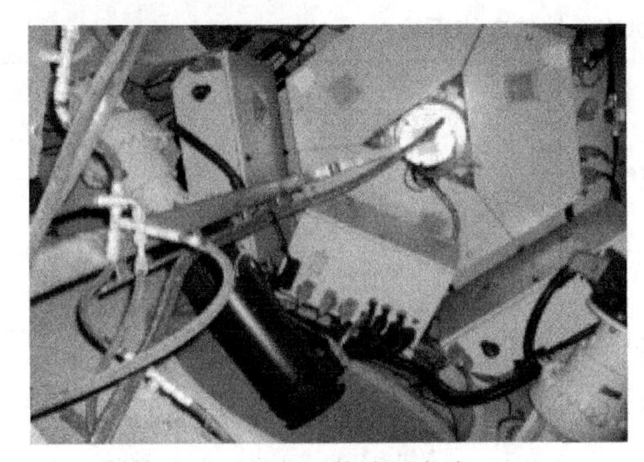
图 3-2-48 锁紧销传感器布线（一）

图 3-2-49 锁紧销传感器布线（二）

5. 主轴承油脂泵布线

主轴承油脂泵电源线 53W10-1、液位线首端从机舱接线盒出线，尾端沿主轴承油脂泵支架的电缆走线槽布线至油脂泵，装配油脂泵连接器，与油脂泵连通（见图 3-2-50~图 3-2-52）。

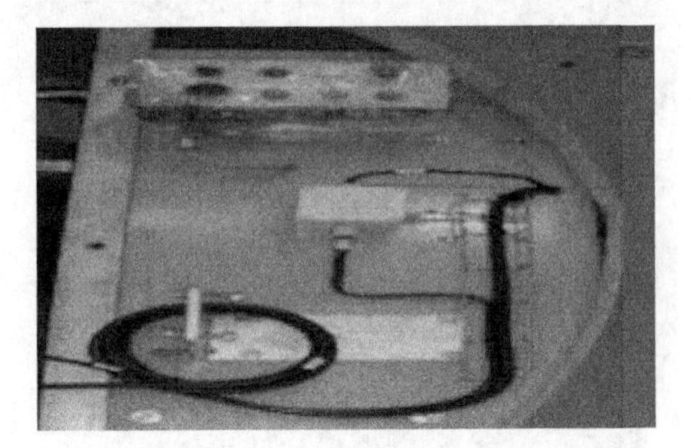
图 3-2-50 油脂泵布线（一）

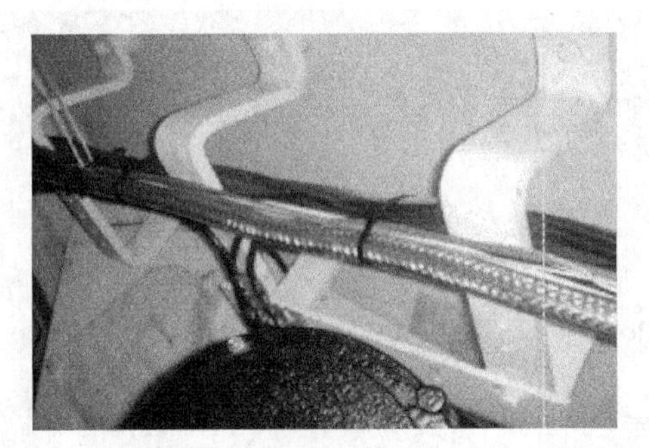
图 3-2-51 油脂泵布线（二）

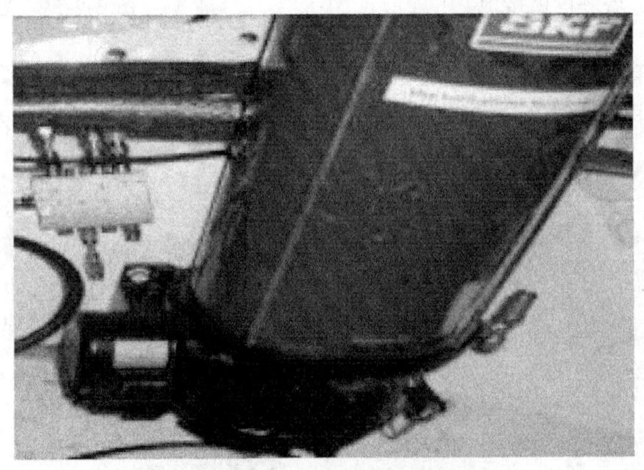

图 3-2-52 油脂泵布线（三）

八、接地总成

1. 电缆用线

风力发电机组接地的电缆用线见表 3-2-8。

表 3-2-8 风力发电机组接地的电缆用线

序号	电缆描述	总量	电缆编号	用量
1	VULTFLEX 1×50mm² 接地电缆	44m	塔基控制柜接地	4m
2			电抗柜接地	10m
3			水冷柜接地	20m
4			发电机接地	10m
5		135m	机舱接地	100m
6			塔架接地	2×5.0m
7			爬梯接地	5.0m
8			塔基电极接地	4×4m
9			法兰接地	8×0.5m
10	H07RN-F 1×240mm² 电缆	8m	变频柜接地	2×4m

2. 电缆用量

1）塔基电极接地电缆（4 组）连接塔基接地铜排与接地扁铁接地电缆，如图 3-2-53 所示。

2）塔基接地电缆（2 组）连接塔基接地铜排与塔基法兰面，如图 3-2-54 所示。

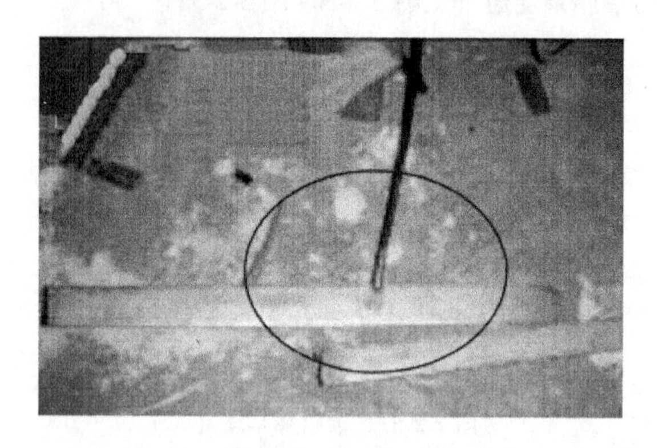

图 3-2-53 塔基电极接地

图 3-2-54 塔基接地

3）爬梯接地电缆（1 组）连接塔架爬梯与塔基接地铜排，如图 3-2-55 所示。

4）变频柜接地电缆（2 组）连接变频柜与塔基接地铜排，如图 3-2-56 所示。

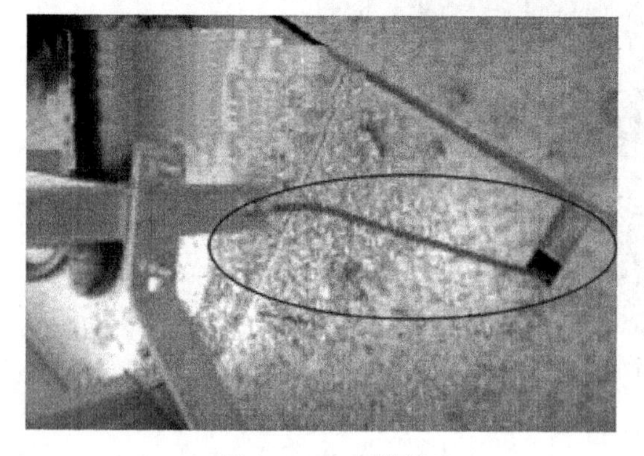

图 3-2-55 爬梯接地

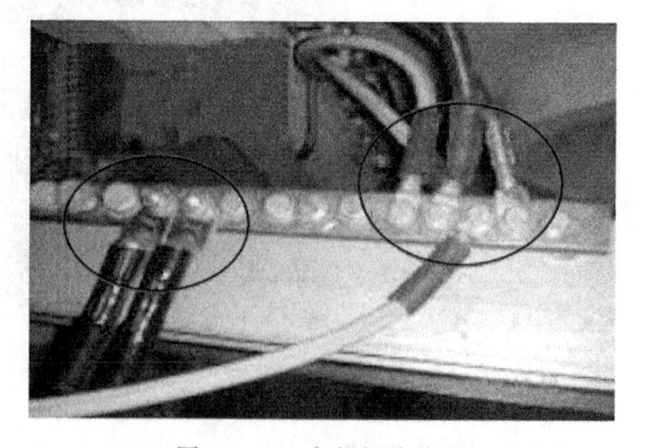

图 3-2-56 变频柜接地

5）电抗柜接地电缆（1 组）连接电抗柜接地与塔基接地铜排，如图 3-2-57 所示。

6）水冷柜接地电缆（1 组）连接水冷柜接地与塔基接地铜排，如图 3-2-57 所示。

7）塔基控制柜接地电缆（1组）连接塔基控制柜接地与塔基接地铜排，如图3-2-58所示。

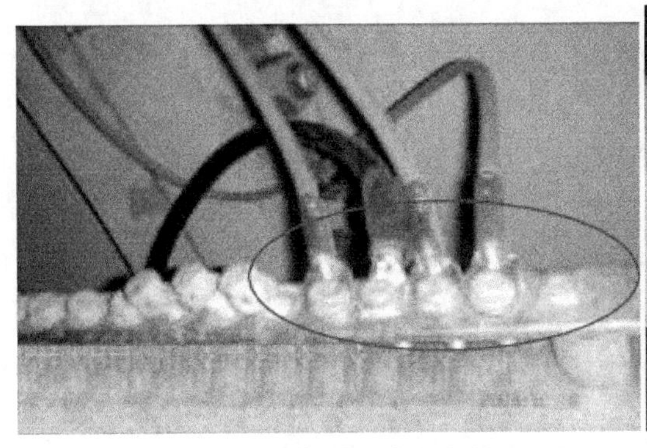

图3-2-57 电抗柜、水冷柜接地

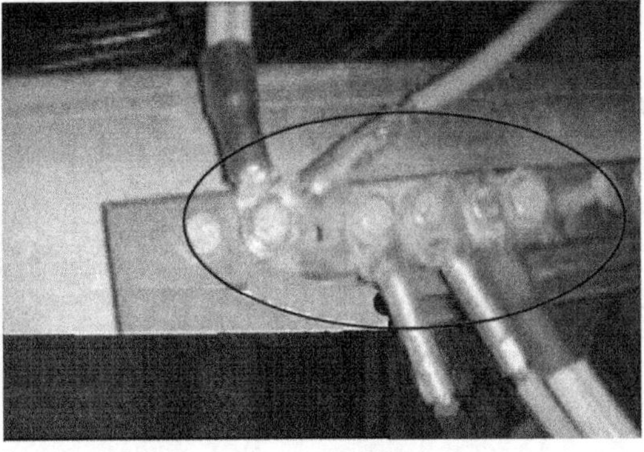

图3-2-58 塔基控制柜接地

8）塔架法兰接地电缆（8组）连接塔架与塔架之间的法兰面，如图3-2-59所示。

9）机舱接地电缆（1组）连接机舱接地总成与塔基接地铜排，如图3-2-60所示。

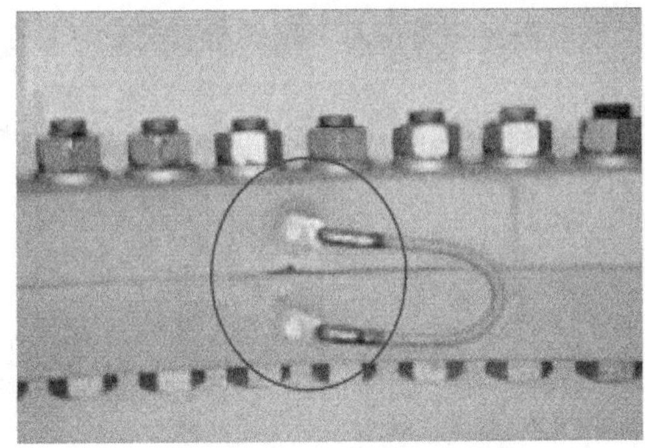

图3-2-59 塔架法兰接地

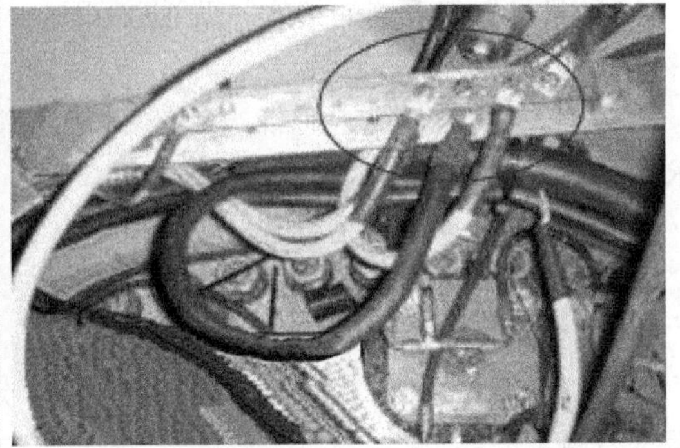

图3-2-60 机舱接地总成

10）发电机接地（2组）连接发电机与机舱接地总成。

九、电气检查

1）检查所有连接线是否满足工艺要求。

2）检查所接电缆外皮是否有破损。

3）检查所有机舱组件接线是否正确。

4）检查所接端子是否卡紧、导通，固定螺栓是否拧紧。

任务三 风力发电机组的现场调试及试运行

一、风力发电机组的现场调试

1. 调试的安全事项

1）起动机组前应进行所有风力发电机组试验，应有两名以上工作人员参加。

2）进行控制功能和安全保护功能的检查和试验，确认各项控制功能和保障工作准确、可靠。

3）风力发电机组调试期间，应在机组控制柜、远程控制系统操作盘处挂“禁止操作”的警示牌。

4）按照设备技术要求进行超速试验、飞车试验、振动试验，正常停机试验及安全停机事故停机试验。

5）在进行超速的飞车试验时，风速不能超过规定数值。试验之后应将风力发电机组的参数值设定调整到额定值。

6）首次起动宜在较低风速下进行，一般不易超过额定风速。

2. 调试前的检查

风力发电机组安装工程完成后，调试工作由经过培训的人员或在专业人员的指导下进行。设备通电前的检查应满足下列要求：

1）现场清扫整理完毕。

2）机组安装检查结束并经确认。

3）机组电气系统的接地装置连接可靠，接地电阻经测量应符合被测机组的设计要求，并做好记录。

4）测定发电机组定子绕组、转子绕组等的对地绝缘电阻，应符合被测机组的设计要求，并做好记录。

5）发电机等引出线相序正确、固定牢固、连接紧密，测量电压值和电压平衡性。

6）使用力矩扳手将所有螺栓拧紧到标准力矩值。

7）照明、通信和安全防护装置齐全。

8）检查风力发电机组控制系统的参数设定，控制系统应能完成对风力发电机组的正常运行控制。

9）完成检查后，根据设备制造商规定的初次接通电源程序要求接通电源。

3. 调试的项目

调试工作应在调试前的检查完成后进行，按照风力发电机组生产厂家的安装及调试手册规定，调试一般应包括以下项目：

1）检查主回路相序、断路器设定值和接地情况。

2）检查控制柜功能，检查各传感器、扭缆解缆、液压、制动器功能及各电动机起动运行情况。

3）调整液压系统压力至规定值。

4）起动风力发电机组。

5）定桨距机型检查叶尖排气，变桨距机型检查变桨距功能。

6）检查润滑系统、加热及冷却系统工作情况。

7）调整盘式制动器制动间隙。

8）设定控制参数。

9）安全链测试。

当某一调试项目一直不合格时，应停机，进行分析判断并采取相应措施（如更换不合格元器件等），直至调试合格。

4. 调试报告

直驱风力发电机组调试报告通常为固定项目的格式报告，采用“√”与“×”符号记录调试的结果状况，合格者用“√”符号标记，反之则用“×”。一些状态数据（如温度）也可按实际数据记录。

下面以某厂家生产的2MW直驱型风力发电机组现场调试报告为例来介绍调试报告的格式：

XXXX型风力发电机组现场调试报告

机组档案编号：x x x x

合格符号：√　不合格符号：×

(1) 调试时的环境条件：①10分钟平均风速（m/s）：

②环境温度（℃）：

(2) 调试前各设备的状况：

① 偏航系统：自动偏航时偏航电动机不同转动方向时的功能检查（　　）

手动偏航时偏航电动机不同转动方向时的功能检查（　　）

② 齿轮箱：油位开关的性能（检查时风轮要锁定）（　　）

液压泵的工作性能（　　）

③ 发电机：小发电机起动时的转动方向（　　）

发电机轴承温度：________

发电机绕组温度：________

④ 液压系统：叶尖工作压力的检查，调整（79~85bar）（　　）

机械制动器工作压力的检查，调整（　　）

⑤ 机械制动器制动块间隙（0.8~1mm）：

制动器1及制动器2的功能（　　）

⑥ 开关额定值(参照电路图)：

偏航电动机：I_{max}=(视实际机型而定)

齿轮液压泵：I_{max}=(视实际机型而定)

液压泵：I_{max}=(视实际机型而定)

提升机：I_{max}=(视实际机型而定)

偏航控制器中心位置设定（　　）

顺时针解缆设定（　　）逆时针解缆设定（　　）

(3) 计算机程序内各参数的设定（　　）

风轮最大转速：N_{max}=(视实际机型而定)　r/min

发电机最大转速：四级 N_{fmax}（5%）= 1575r/min，六级 N_{fmax}（10%）= 1100r/min

大发电机最高温度：T=(实测值不应超过155℃)

小发电机最高温度：T=(实测值不应超过155℃)

齿轮油最高温度：T=(实测值不应超过100℃)

10min平均最大出力：P_{max}=(视实际机型而定)　kW

瞬时最大出力：P_{max}=(视实际机型而定)　kW

最高电压（10ms）：U_{max}=(视实际机型而定)　V

最高电压（50s）：U_{max}=（视实际机型而定） V

最低电压（50s）：U_{min}=（视实际机型而定） V

高频率：（200ms）f_{max}=（实测值应不高于51Hz）

低频率：（200ms）f_{max}=（实测值应不低于49Hz）

切出风速（10min平均值）：v=（视实际机型而定） m/s

最大风速：v=（视实际机型而定） m/s

（4）紧急停机

正常停机过程，叶尖动作或叶片顺桨时间：（实测值不应大于1~2s）

叶片桨距角的设定与风力发电机组出力：

故障统计：

结论：调试日期： 年 月 日至 年 月 日 调试人员：

二、风力发电机组的试运行

1. 试运行计划

风力发电机组在试运行前，系统安全保障措施未经过实际运行考核，试运行期间可能发生潜在的危险和问题。因此，必须首先制定风力发电机组“试运行检查与考核大纲”，同时对运行期间可能发生的危险和问题做出预案。由于试运行是对风力发电机组的全面考验，必须使风力发电机组连续满负荷运行，所有可能的运行方式都需要演示，以发现系统各环节可能出现的问题。风力发电机组经过试运行的考验和磨合后，应做到系统对用户是安全的。最后由设计和施工单位起草“风力发电机组试运行情况报告”和“风力发电机组移交协议书”。

2. 试运行前控制系统的检查和试验要求

1）控制器内是否清洁、无垢，所安装电器的型号及规格是否与图样相符，各电器元件安装是否可靠。

2）用手操作的刀开关、组合开关、断路器等，不应有卡住或用力过大的现象。

3）刀开关、断路器、熔断器等各部位应接触良好。

4）电器辅助触点的通断是否可靠，断路器等主要电器的通断是否符合要求。

5）二次回路的接线是否符合图样要求，线缆要求有编号，接线应牢固、整齐。

6）仪表及互感器的电流与接线极性是否正确。

7）母线连接是否良好，绝缘子、夹持件等附件是否牢固可靠。

8）保护电器的整定值是否符合要求，熔断器的熔体规格是否正确，辅助电路各元器件的节点是否准确无误。

9）保护接地系统是否符合技术要求，并应有明显标记。仪表计量和继电器等二次元件的动作是否准确无误。

10）用绝缘电阻表测量绝缘电阻值是否符合要求，并按要求做耐压试验。

3. 试运行要求

1）风力发电机组经过通电调试后，进行试运行。

2）试运行按风力发电机组试运行规范进行。

3）试运行的时间依据制造商规定，但不应少于250h。

4）试运行期间应按表3-3-1的内容进行检查，并应符合产品技术要求。

表3-3-1　试运行检查内容

序　号	零 部 件	检 查 内 容
1	叶轮/叶片	表面损伤、裂纹和结构不连续，螺栓预紧力、防雷系统状态
2	轴类零件	泄漏、异常噪声、振动、腐蚀、螺栓预紧力、齿轮状态
3	机舱及承载结构件	腐蚀、裂纹、异常噪声、润滑、螺栓预紧力
4	液压、气动系统	损伤、防腐、功能性侵蚀、裂纹
5	塔架、基础	腐蚀、螺栓预紧力
6	电气系统和控制系统	并网、连接、功能、腐蚀、污物
7	安全设施、信号和制动装置	功能检查、参数设定、损伤、磨损

5）试运行期间应根据设备制造商的规定对机组进行必要的调整工作。这些工作包括（但不限于）螺栓预紧、更换润滑油、检查零部件的装配和工作情况等适当的调整。

6）应对试运行情况和控制参数及其结果进行记录。

7）试运行程序结束后，应按相应的试运行验收标准进行验收。

4. 试运行的维护

1）试运行维护工作应由经过培训的人员或在专业人员的指导下完成。

2）风力发电机组的试运行和维护按DL/T 566—1995、DL 796—2001和DL/T 797—2001的有关要求执行。

3）应按照制造商提供的产品说明书和运行维护手册的规定和要求，进行风力发电机组的操作和日常运行维护工作。

任务四　直驱风力发电机组的质量检验与验收

风力发电机组的验收应在机组现场调试完成后（对竣工验收试验而言）或在机组质保期满后（对最终验收而言）由供需双方联合进行，必要时可委托第三方进行。为保证验收能够及时顺利进行并通过综合性试验，验收试验要求的内容可在现场调试及试运行过程中进行，经供需双方同意，可将现场调试及试运行的结果作为验收试验的组成部分。

一、直驱风力发电机组的质量检验

直驱风力发电机组完成全部的机械安装后需要进行的质量检测内容见表3-4-1。

表3-4-1　直驱风力发电机组安装工程质量划分

工程编号				项目名称	性质	监理控制点
子单位	分部	分项	检验批			
02				#1风力发电机组安装		
	01			机舱叶轮安装		
		01		机舱检查		
			01	机舱检查		W
		02		机舱安装	主控	
			01	机舱安装		W
		03		叶片检查		
			01	叶片检查		W

（续）

工程编号				项目名称	性质	监理控制点
子单位	分部	分项	检验批			
		04		轮毂检查		
			01	轮毂检查		W
		05		叶轮组合		
			01	叶轮组合		S
		06		叶轮安装	主控	
			01	叶轮安装		S
		07		高强度螺栓连接	主控	
			01	高强度螺栓连接	主控	S H
	02			塔架安装		
		01		塔架检查		
			01	塔架检查		W
		02		基础环检查		
			01	基础环检查		W
		03		塔架安装	主控	
			01	塔架安装	主控	S H
		04		高强度螺栓连接	主控	
			01	高强度螺栓连接	主控	S H
	03			风力发电机组内电缆敷设		
		01		风力发电机组内电缆敷设	主控	S
			01	风力发电机组内电缆敷设	主控	

注：控制点项中，“H”表示为停工待检，“W”表示见证，“S”表示旁站。

1）机舱检查：机舱检查质量标准及检验方法见表3-4-2，主控项目应全数检查；对非主控项目按不少于30%抽查。

表3-4-2　机舱检查质量标准及检验方法

工序	检验项目			性质	单位	质量标准	检查方法
机舱外观检查	机舱壳体	壳体外观				无裂缝、无污染、表面光滑；符合设计要求	观察
		安装孔				附件安装孔符合设计要求	观察、尺量
	吊装孔					机舱吊装时无挤压，关闭后密封良好	观察
	防尘毛刷					螺栓拧紧，毛刷无破损、变形	观察
	连接法兰	与塔架连接法兰	外观			无污染、铸锈，无毛刺	观察
			螺栓孔	主控		间距均匀，平面度、椭圆度符合设计技术要求	观察
		与轮毂连接法兰	外观			无污染、浮锈，无毛刺	观察
			螺栓孔	主控		间距均匀，平面度、椭圆度符合设计技术要求	观察
部件检查	发电机			主控		接线牢固，无尘土，电缆无破损	观察
	联轴器			主控		螺栓打紧	观察
	液压制动器			主控		制动器工作正常	观察
	齿轮箱			主控		油管接头无松动，油位正常	观察

2）机舱安装工程：机舱安装工程质量标准及检验方法见表3-4-3，主控项目应全数检查；对非主控项目按不少于30%抽查，高强度螺栓力矩抽检按每个节点10%且不少于10个进行。

表 3-4-3　机舱安装工程质量标准及检验方法

检验项目		性质	单位	质量标准		检查方法
机舱起吊就位		主控		设备无损伤，位置正确		观察
机舱和塔架连接法兰面				清洁，无尘土、铁屑及杂物		观察
机舱与叶轮连接螺栓		主控	N·m	二硫化钼涂抹均匀，数目足够、无漏装，螺扣无破损、外露 2~3 个螺纹，紧固次数标示清晰		观察
				初拧	设计值	力矩扳手检测
				复拧	设计值	
				终拧	设计值	
塔架机舱连接法兰	外观			平整、光洁，无毛刺、凸起		观察
	平面度误差		mm	≤0.5		查看厂家证明文件
机舱法兰定位销				就位后更换为相应螺栓		观察
机舱外壳				外观干净、无污物；有明显标志，无裂痕、明显的划痕		观察
避雷针安装				结构表面干净，无疤痕、泥沙等污垢；安装垂直、牢固		观察
风速仪安装				角度对正、安装牢固		观察

3）叶片检查：叶片检查质量标准及检验方法见表 3-4-4，主控项目应全数检查；对非主控项目按不少于 30%抽查，高强度螺栓力矩抽检按每个节点 10%且不少于 10 个进行。

表 3-4-4　叶片检查质量标准及检验方法

工序	检验项目		性质	单位	质量标准	检查方法
外观检查	材质				材质符合设计要求，质量证明文件齐全、力学性能报告齐全、有效	查看厂家技术文件
	外表面检查		主控		无裂纹、无污染、表面光滑、无划痕；油漆均匀	观察
	接地装置				螺栓拧紧、地线无损坏，叶片尖部接地点外露明显、完整	观察
	连接法兰	外观检查			无污物、浮锈；无毛刺	观察
		连接法兰面			平面度、椭圆度符合设计技术要求	观察
		连接螺栓			间距均匀，螺纹螺扣无损伤，型号符合设计要求	观察

4）轮毂检查：轮毂检查质量标准及检验方法见表 3-4-5，主控项目应全数检查；对非主控项目按不少于 30%抽查。

表 3-4-5　轮毂检查质量标准及检验方法

工序	检验项目			性质	单位	质量标准	检查方法
轮毂外观检查	外观检查					无裂纹、无污物、表面光滑；油漆均匀，无气孔、夹渣，焊缝均匀，焊角高度符合设计要求；材质符合设计要求	观察
	吊耳					外观无损坏，螺扣无损坏	观察
	进出口					螺栓打紧，盖板无损坏	观察
	连接法兰	与机舱连接兰	外观			无污物、浮锈，无毛刺	观察
			螺栓孔	主控		间距均匀，平面度、椭圆度符合设计技术要求	观察
		与叶片连接兰	外观			无污物、浮锈，无毛刺	观察
			螺栓孔	主控		间距均匀，平面度、椭圆度符合设计技术要求	观察
部件检查	变桨机构			主控		叶片变桨工作正常	观察
	液压系统			主控		密封严密、无漏油，制动器工作正常	观察

5）叶轮组合工程：叶轮组合检查质量标准及检验方法见表 3-4-6，主控项目应全数检查；对非主控项目按不少于 30%抽查，高强度螺栓力矩抽检按每个节点 10%且不少于 10 个进行。

表 3-4-6 叶轮组合检查质量标准及检验方法

检验项目		性质	单位	质量标准	检查方法
叶片起吊组合				设备无损伤，位置正确，叶片角度符合设计要求	观察
叶片和轮毂间接地连接				连接数量齐全，接线美观，牢固，标示清晰、规范	观察
连接螺栓		主控		螺栓螺扣无损伤、破坏；表面防护良好	观察
塔架机舱连接法兰	外观			平整、光洁，无毛刺、凸起；表面防护措施良好	观察
	平面度误差		mm	≤0.5	查看厂家证明文件
液压系统				无损坏、漏油、污点，管路连接良好	观察

6）叶轮安装工程：叶轮安装工程质量标准及检验方法见表 3-4-7，主控项目应全数检查；对非主控项目按不少于 30%抽查，高强度螺栓力矩抽检按每个节点 10%且不少于 10 个进行。

表 3-4-7 叶轮安装工程质量标准及检验方法

检验项目		性质	单位	质量标准		检查方法
叶片起吊就位				设备不损伤，位置正确		观察
机舱和叶轮连接法兰面				密封胶涂抹均匀，表面清洁、无尘土、铁屑及杂物		观察
叶轮与机舱连接螺栓		主控		二硫化钼涂抹均匀，数目足够、无漏装，螺扣无破损、外露 2~3 个螺纹，紧固次数标示清晰		观察
			N·m	初拧	670	力矩扳手检测
				复拧	1000	
				终拧	2000	
叶轮机舱连接法兰	外观			平整、光洁、无毛刷、凸起		观察
	平面度误差	主控	mm	≤0.5		查看厂家证明文件
机舱法兰定位销				就位后更换为相应螺栓		观察
叶轮外壳				外观干净、无污物；有明显标志，无裂痕、明显的划痕		观察

7）高强度螺栓连接工程：高强度螺栓连接工程质量标准及检验方法见表 3-4-8，主控项目应全数检查；高强度螺栓按每批每种规格不多于 3000 套抽取一组，由施工单位负责送检。高强度螺栓力矩抽检按每个节点 10%且不少于 10 个进行。

表 3-4-8 高强度螺栓连接工程质量标准及检验方法

工序	检验项目	性质	单位	质量标准	检验方法
螺栓	外观及质量证明文件	主控		规格、型号符合设计要求，复试合格，力矩扳手检定合格	外观检查及查验复试报告、检定证书
塔架	底段塔架与基础环	主控	N·m	设计值	力矩扳手检测
	底段塔架与中段塔架	主控	N·m	设计值	力矩扳手检测
	中段塔架与顶段塔架	主控	N·m	设计值	力矩扳手检测
顶段塔架与机舱连接座		主控	N·m	设计值	力矩扳手检测
叶片轮毂连接	叶片Ⅰ	主控	N·m	设计值	力矩扳手检测
	叶片Ⅱ	主控	N·m	设计值	力矩扳手检测
	叶片Ⅲ	主控	N·m	设计值	力矩扳手检测
叶轮与机舱		主控	N·m	设计值	力矩扳手检测

8）塔架检查：塔架检查质量标准及检验方法见表 3-4-9，主控项目应全数检查；对非主控项目按不少于 30%抽查。塔架垂直度测量方法如下：

① 利用基础环出厂圆周四等分，0°、90°、180°、270°刻度标记，挂十字线，定出基础环圆心点。

② 将经纬仪中心架设在圆心点上。

③ 用经纬仪通过基础法兰盘的刻度标记，找出距基础环中心约 50m 位置的相邻两个工作点。

④ 塔架吊装前利用上下法兰的 4 处刻度标记用拉线方法，在塔架外侧再测量刻度线，刻度线分别在塔架两端光滑处并做好标记。

⑤ 将经纬仪架在两个工作点上，分别测量塔架两面的垂直度，并记录测量误差。

表 3-4-9 塔架检查质量标准及检验方法

工序	检验项目			性质	单位	质量标准	检查方法
塔架安装前检查	材质			主控		材质证明文件和探伤检测报告齐全，与设备设计材质相符	查看厂家技术文件
	设备外观					无裂纹、重皮、严重锈蚀、损伤	观察
	厂家焊缝			主控		符合《电力建设施工质量验收标准》焊接篇	观察，查看厂家焊缝无损检测技术证明文件
	平台面					无污点、尘土、水印	观察
	高强度螺栓					符合设计要求	查看现场复检报告
	爬梯					固定牢固，成直线	观察
	照明系统			主控		五芯插头电压正常，电线整齐，固定不摆动	观察
	安全钢丝绳					安装牢固，位置正确，成直线	观察
	塔架高度偏差	底段	$L \leqslant 20m$		mm	±10	尺量
		中段	$L > 20m$		mm	±20	尺量
		顶段	$L > 20m$		mm	±20	尺量

9）基础环检查：基础环检查质量标准及检验方法见表 3-4-10，主控项目应全数检查；对非主控项目按不少于 30%抽查。

表 3-4-10 基础环检查质量标准及检验方法

工序	检验项目		性质	单位	质量标准	检查方法
塔架安装前基础环检查	基础环露出地面高度误差			mm	±20	尺量
	基础环水平度偏差		主控	mm	≤2（设计值）	水平仪测量
	螺栓孔间距误差		主控	mm	≤0.5	尺量
	螺栓孔检查	直径误差	主控	mm	≤1	尺量
		螺栓孔椭圆度	主控	mm	±0.5	尺量
		螺栓孔内表面			表面光滑，无凸凹点；防锈措施良好	观察
	基础环上表面				表面光滑，无凸凹点；防锈措施良好，无污物	观察
	基础环焊接				按《电力建设施工质量验收标准》焊接篇标准	观察，查看厂家焊缝无损检测报告
防雷接地	接地检测报告				查看气象局防雷接地检测报告	查看气象局防雷接地检测报告
	接地电阻实测		主控	Ω	≤3.5	实测
	外露接地装置检查				接地扁铁敷设整齐规范，标示齐全、规范，搭接面积和焊缝符合规范要求	观察

10）塔架安装工程：塔架安装工程质量标准及检验方法见表 3-4-11，主控项目应全数检查；对非主控项目按不少于 30%抽查。

表 3-4-11 塔架安装工程质量标准及检验方法

工序	检验项目			性质	单位	质量标准	检查方法
塔架安装检查	接地装置			主控		连接数量齐全,接线美观、牢固、接头搭接面积及焊缝符合要求	观察
	灭火器					摆放正确,压力正常	观察
	辅助系统	控制柜				固定牢靠	观察
		变压器				柜内接线正确、美观	观察
	螺栓安装	螺栓型号				符合设计要求	观察
		螺栓数量				符合设计要求,无漏装	观察
		拧紧螺栓顺序				对称紧固,无漏拧	观察
		拧紧螺栓次数				符合设计要求	观察
		拧紧螺栓力矩	底段	主控	N·m	设计值	力矩扳手检查
			中段	主控	N·m	设计值	力矩扳手检查
			顶段	主控	N·m	设计值	力矩扳手检查
		垫片安装				位置正确、方向正确	观察
	塔架中心线垂直度			主控	mm	小于塔架高度的 1/1000	经纬仪测量

11）风力发电机组电缆敷设：电缆敷设质量标准及检验方法见表 3-4-12，主控项目应全数检查；对非主控项目按不少于 30%抽查。

表 3-4-12 电缆敷设质量标准及检验方法

工序	检验项目		性质	单位	质量标准	检验方法
敷设前检查	电缆	型号、电压及规格			按设计规定	查验厂家资料
		外观检查			无机械损伤、穿孔、裂缝、显著的凹凸不平及锈蚀	观察
	敷设路径				按设计规定	观察
	断头密封				可靠、严密	观察
	敷设温度				按 DL/T 5161.5—2002 规定	实测
	电缆弯曲半径		主控	mm	按 DL/T 5161.5—2002 规定≥10*D*	实测
	电缆排列	外观检查			排列整齐,弯度一致,少交叉	观察
		电缆排列方式			按设计规定	观察
电缆敷设	电缆标志牌	装设位置			电缆终端	观察
		标志			按 DL/T 5161.5—2002 规定	观察
		规格			一致	观察
	电缆固定夹具				夹具无铁件构成的闭合磁路	观察
	电缆固定强度				结实	观察
敷设后检查	电缆外观检查		主控		无机械损伤	观察
	电缆孔洞处理				盘(柜)电缆出入口封闭良好	观察
	电缆终端制作		主控		符合设计要求	观察

二、风力发电机组的性能测试

1. 功率特性测试

风力发电机组的功率特性是风力发电机组最重要的系统特性之一，与风力发电机组的发电量有直接关系，通过开展功率特性测试，可以对风力发电机组进行分类，对不同的风力发电机组进行比较，可以比较实际发电量与预计发电量的差别；通过长期的功率特性监测，可以了解风力发电机组的功率特性随时间变化的情况，验证风力发电机组制造商提出的风力发电机组可利用率，发现参数设置的问题，进而对风力发电机组的运行情况进行优化。风力发

电机组的功率特性测试需要同时测量风速和风力发电机组的发电功率，得到表示风速与功率对应关系的功率曲线、功率系数以及风力发电机组在不同的年平均风速下的年发电量估算值。

风力发电机组功率特性测试开始之前，需要对测试场地进行评估，以判断测试场地是否符合 IEC 标准要求。如果不符合标准要求，就要在测试开始之前进行场地标定。在场地评估的同时，选定可用的风向扇区，剔除影响风速测量的风向扇区。测试时需要在被测风力发电机组附近树立气象桅杆，在其上安装风速计、风向标、温度传感器、气压传感器和降雨量传感器等，用于测量风速和大气状况。测试数据采集完成后，按照标准要求剔除无效数据，然后将数据校正到标准大气情况下，得到标准大气情况下的功率曲线。最后根据测得的功率曲线估算不同的年平均风速下的年发电量。测试场地情况和风资源情况会影响测试周期，通常一次完整的功率特性测试需要 3~6 个月。

2. 电能质量测试

IEC 61400-21 标准给出了风力发电机组电能质量测试的原理和详细步骤。电能质量测试包括风力发电机组额定参数、最大允许功率验证、最大测量功率、无功功率测量、电压波动和闪变以及谐波。风力发电机组的输出功率受风速影响很大，而风速变化是随机的，风力发电机组的并网可能引起电网的电压波动。带有电力电子变流器的变速风力发电机组还会向电网注入含有谐波的电流，引起电网电压的谐波畸变。

并网风力发电机组的电压波动和闪变测试结果应与测试机组所在的电网特性无关。但是在实际测量中，电网通常会有其他波动负荷，它会在风力发电机组接入点引起电压波动，这样测出的风力发电机组的电压波动将与电网特性有关。为了解决这个问题，IEC61400-21 标准提出虚拟电网的方法，根据这种方法测得的结果只与风力发电机组自身相关。闪变测量的最终结果中的闪变系数是风速和电网阻抗角的函数。

变速风力发电机组的变流器采用大功率电力电子器件进行整流逆变，这些电力电子器件在工作过程中会在输入/输出回路产生谐波电流。谐波问题目前已成为影响变速风力发电机组电能质量的主要问题。谐波测量的最终结果是谐波电流。

3. 噪声测试

大规模安装风力发电机组会带来一系列环境问题，噪声问题是其中比较突出的一个问题。风力发电机组的噪声多是长期持续性的，会对风电场周围居民带来很大困扰。评估风力发电机组的噪声辐射特性对环境有重大意义。风力发电机组噪声的主要来源为机械结构（如齿轮箱），噪声的频谱图可以用来分析机械结构的运行情况，查找机械结构的故障来源，调整风力发电机组控制策略优化设计，避免结构问题。

噪声测试需要同步测量噪声的声压级和功率，然后根据功率曲线将功率折算为风速，得到不同风速对应的声压级，通过声压级计算得到声功率级。选择整数风速面的 2 个 1min 组连续测量结果做频谱分析，然后按照 IEC 标准逐步计算得到音值。噪声测试最终结果主要包括不同风速下的视在声功率级（描述噪声的辐射能量和风力发电机组的机械结构特性）、1/3倍频程频谱图、音值（评估持续性的噪声对人的影响）。

4. 载荷测试

当今风力发电机组的额定功率越来越大，尺寸也越来越大。为了保证其长期安全稳定运行，有必要对风力发电机在不同风速下运行状态的机械载荷进行分析。不仅如此，风力发电机组的载荷测试对于风力发电机组的设计也有重要意义。

IEC/TS 61400-13：2001 标准对于风力发电机组的载荷测试程序规定了详细步骤。根据该标准的要求，风力发电机组的载荷测试需要测量以下数据：

风轮，叶片在叶根处两个相互垂直方向的弯矩。

主轴，转矩和两个相互垂直的弯矩。

塔架，塔顶转矩和两个互相垂直的弯矩。

需要在以下风力发电机组运行状态下测量：

稳态：正常发电过程；出现故障的发电过程；停机，空转。

瞬态：起动；正常停机；紧急停机；电网故障；保护系统的过速激活。

选择合适的位置布置应变片，根据测得的应变计算应力，剔除不可用的数据后，通过雨流计数法计算载荷谱，最后结果为等效载荷谱。

三、风力发电机组的验收

1. 验收总则

1）每台机组安装为一个子单位工程，共有机舱叶轮安装、塔架安装和电缆敷设三个分部，每个分部按安装工序及部位划分成若干个分项，每个分项划分成若干个检验批。施工单位应按检验批、分项、分部、单位顺序依次进行自检、填写验收记录并报监理单位复检，最后进行单位工程质量评价。

2）机组安装必须在施工单位自检合格且有完整原始记录的基础上进行，根据本标准“工程质量验收范围”的规定进行质量检查及验收。

3）建设单位负责组织单位工程验收，设备制造单位参加检验批、分项、分部及单位工程验收，监理单位组织检验批、分项、分部工程质量验收。

4）检验批、分项、分部及子单位工程质量均设“合格”“不合格”两个等级，质量验收合格的标准如下：

① 检验批工程质量验收合格应符合下列规定：主控项目和一般项目的质量经抽样检验合格，具有完整的操作依据和质量检查记录。

② 分项和分部工程质量验收合格应符合下列规定：所含检验批（分项）全部验收合格，质量控制资料完整。

③ 子单位工程质量验收合格应符合下列规定：所含分部全部验收且合格，质量控制资料完整，机组性能指标均达到合同保证值，观感质量好。

5）质量控制资料完整且应符合下列规定：专业施工组织设计、施工方案（作业指导书）齐全且经过监理及建设单位批准，施工管理人员资质合格，检验工器具经过检定且在有限期内，质量验收记录齐全且已报审签证，施工记录内容全面且签字齐全。

6）观感质量“好”应符合下列规定：设备清洁且无渗漏，各种标识齐全且规范，工作范围内无作业痕迹。

7）观感质量“一般”应符合下列规定：设备无渗漏，各种标识基本齐全，工作范围内无垃圾。

2. 验收程序

风力发电机组的验收分为预验收阶段和最终验收阶段。预验收阶段主要考核机组的各项控制功能和安全保护功能，最终验收阶段主要考核机组的可利用率、功率特性、电能质量和噪声水平。

1）预验收：风力发电机组试运行期满后，确认风力发电机组的技术指标符合产品技术文件的规定时，供需双方签署预验收文件。

2）最终验收：在合同规定的质量保证期满后，对风力发电机组的功率特性、电能质量、噪声、可利用率以及其他供需双方约定的内容进行验证，其结果应满足产品技术文件的规定。供需双方依据合同规定接受验收结果后签署最终验收证书。

3. 验收资料

风力发电机组验收应提供足够的资料，证明验收所要求的全部目的已经达到，验收资料和文件应包括工程概况、工程竣工图、制造商提供的产品说明书、检查及实验记录、合格证件、安装手册、维护手册、安装报告、调试报告、试运行报告及验收报告等。

1）工程概况：简要说明工程概况、工程实施与进度及参与工程单位情况等。

2）工程竣工图：工程竣工图包括设计变更部分的实际施工图，设计变更的证明文件等。

3）风力发电机组质量文件：由制造商提交的有效版本的产品说明书、运行和维护手册；以风力发电机组制造商名义提交的质量证书和经有关质量检验部门认可的产品合格证书，包括必要的检验试验报告。

4）安装施工工程验收文件：由风力发电机组基础施工单位提交的基础施工竣工验收资料；由风力发电机组安装施工单位提交的安装施工竣工验收资料。

5）风力发电机组调试报告及试运行报告：由风力发电机组制造商提交的调试报告及试运行报告。

6）验收试验报告：分别列出试验项目名称、条件及原始数据表格，经整理、修正、计算和处理得出结果，并绘制出必要的特性曲线，出具正式的试验报告。

7）最终验收结论和建议：根据有关试验结果，对机组性能指标和技术参数按照技术文件和合同要求进行认真评价，本着科学、真实、可信的原则得出最终验收结论。对工程建设过程中出现的问题进行分析总结，提出改进意见或建议。

根据需要，可在验收文件中附加必要的资料、报告、证明和图片。

四、风力发电机组的交付

试运行完成后，向用户提交安装检验报告和试运行验收报告，由用户验收。安装的质量保证应符合 GB/T 19001—2016 的要求。通过现场验收，具备并网运行条件。

项目实训 》

一、实训目的

1）掌握风力发电机组安装与调试实训设备整机电气连线的方法。

2）掌握风力发电机组安装与调试实训设备质量检测方法。

3）掌握风力发电机组安装与调试实训设备的调试方法。

二、实训内容

1）依据端子接线图样及提供的器件、工具，完成电气柜—集电环—3个变桨电动机的连接。

2）依据端子接线图样及提供的器件、工具，完成电气柜—集电环—3个编码器的连接。

3）依据端子接线图样及提供的器件、工具，完成电气柜—集电环—6个限位开关的连接。

4）依据端子接线图样及提供的器件、工具，完成电气柜与2个偏航电动机的连接。

5）依据端子接线图样及提供的器件、工具，完成电气柜与2个定位开关的连接。

6）依据端子接线图样及提供的器件、工具，完成电气柜与旋转电动机的连接。

7）依据端子接线图样及提供的器件、工具，完成电气柜与外部手持急停的连接。

8）风力发电机组安装与调试实训设备的电气检测。

9）风力发电机组安装与调试实训设备的调试。

三、实训器材

本实训所需的实训器材及工具见表3-5-1。

表3-5-1 实训器材及工具

序号	名称	型号与规格	单位	数量
1	偏航电动机	标准设备	台	2
2	旋转电动机	标准设备	个	1
3	限位开关	标准设备	个	6
4	定位开关	标准设备	个	2
5	编码器	标准设备	个	3
6	变桨电动机	标准设备	台	3
7	滑环	标准设备	台	1
8	电工工具	标准配件	套	1
9	数字式万用表	标准配件	台	1
10	线号	标准配件	套	1
11	记录纸	A4	张	5
12	文具		套	1
13	安全帽	保准设备	个	3

四、实训步骤

1. 电气安装前的准备

1）检查电气元件数量、型号和规格是否与图样相同。

2）检查电气元件质量：外观是否完好；动作部件是否灵活。

3）配件是否齐全。

4）检查控制柜质量：外观是否完好，柜门、柜体是否有损伤。

5）按照电路图准备好导线和其他辅助材料，并备好工具。

2. 电气接线的要求

1）放线时必须根据实际需要长短来落料，尽量选择最短路径；一端根据实际需要留有一弹性弯头，另一端放有 100~150mm 的余量。活动线束应考虑最大极限位置需用长度；放线时尽量利用短、零线头，以免浪费。

2）导线不允许有中间接头，不允许强力拉伸导线及其绝缘被破坏的情况。导线排列应尽量减少弯曲和交叉，弯曲时其弯曲半径应不小于 3 倍的导线外径，并弯成弧形，导线交叉时，则应以少数导线跨越多根导线、细导线跨越粗导线为原则。

3）布线时每根导线要拉直，行线做到平直整齐，式样美观。导线穿越金属板孔时，必须在金属板孔上套上合适的保护物，如橡胶护圈。

4）导线的捆扎间距为 150~180mm，线束应整齐，不允许纠结缠绕。

5）导线应在走线槽内行走。

6）活动线束多于 10 根时，允许分束捆扎，但线束在最大、小极限范围内活动时，不允许出现线束松动、拉伸或损坏绝缘等现象。

7）活动线束的活动部位两端固定时应考虑减少活动部位的长度和减少活动时线束的弯曲程度。

8）每个接点接线最多不超过两根，需要连接两根以上的导线时，应采用过渡端子，以确保连接可靠性。

9）线号管选择应以可套入电线且处于垂直位置时不存在滑动现象为准。套入线号管时，应右手持线，左手持线号管，字体从左至右排列将其套入。线号管字迹应处于外侧（便于观察）。

10）导线接入接线端子或电气元件触点时，应使用接线柱或铜线鼻。接线柱应根据所要压接的导线直径进行选择，要求压接牢固，导线不松动滑脱。接引大功率用电器的导线使用铜线鼻时，应对铜线鼻进行表面镀锡。无论使用哪种接线方式，都必须连接牢固，不可松动。

11）各个元件应贴上表明功能的标签，以方便检修。标签要剪切工整，粘贴牢固、整齐。

12）接线螺栓等附件应及时安装在元件上，防止丢失。

13）清扫控制柜，保证无灰尘异物。

14）注意事项：

① 线束应尽可能远离发热元件敷设（如电阻、母排、指示灯、变压器等），并应避免敷设于发热元件的上方。

② 任何带电部分都要注意不可与柜体、安装横担等非带电体接触。

③ 注意不要将废线头等异物落入电气元件内，防止发生短路。

④ 交流电流互感器二次侧（接电流表一侧）不允许开路，如不接电流表，必须将其短接。

3. 电气元件的安装

1）按电气元件安装图安装电气元件，应做到整齐美观、布局合理。

2）电气元件的安装方式应按照元件的使用说明要求做到安装牢固，不松动；如使用螺钉固定，应配套使用平垫和弹簧垫。

3）走线槽的安装要做到“横平竖直”，安装牢固；切口平整光滑，无毛边；接头应严密无缝隙；走线槽盖外表光滑无明显损伤，连接处整齐无缝隙。

注意事项：在接线完成并清洁控制柜之前，不得拆掉外面的保护纸套（黄色纸套），防止线头落入。

4. 电气接线

1）依据提供的系统端子接线图样，完成变桨电动机 1 的接线。

① 选取多芯航空插头电缆，使用一字螺钉旋具将航空插头的母头出线端对应出线脚与电气柜 1 号端子相连接，并选取与其对应的多芯航空插头公头，旋转航空插头螺母将航空插头锁死。

② 使用万用表进行测量，验证线路处于闭合的状态，否则检查线路。

③ 将航空插头公头带有信号出线端与三组集电环中任意一组中的线，通过插排连接。

④ 集电环另一端相同组的出线与标有“电机正极”变桨电动机 1，通过插排连接。

2）参照上述的变桨电动机 1 正极接线方式，完成变桨电动机 2、变桨电动机 3、编码器 1、编码器 2、编码器 3、变桨 1 限位 91°开关、变桨 1 限位 95°开关、变桨 2 限位 91°开关、变桨 2 限位 95°开关、变桨 3 限位 91°开关、变桨 3 限位 95°开关的接线。

3）完成偏航电动机 1、偏航电动机 2、定位开关 1、定位开关 2 及旋转电动机的接线。

4）使用万用表检查电气部件连接线路，验证接线准确、完好。

5）依据端子接线图样检查线号标注。

6）整理线路，检验接线牢固。

7）系统上电，闭合总断路器。

实训设备电气总体框图如图 3-5-1 所示。

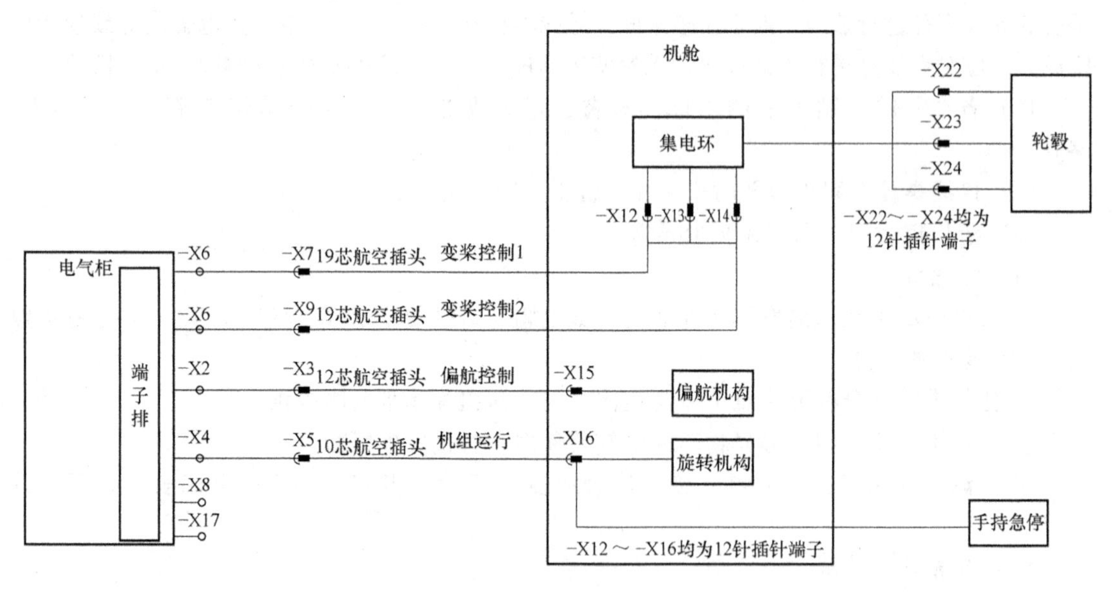

图 3-5-1 实训设备电气总体框图

5. 调试前的检查

（1）通电前线路检查及短路测试

按照电气图检查完线路后在没有通电的情况下进行短路检查，用万用表电阻档检测（见图 3-5-2）：检测连接电源的各接线端子正负极之间有没有存在电阻，如果存在较小电阻

就说明短路了，需排除故障才能进行下一步。如果确认完后没有问题，那就继续进行下一步电压检查。

图 3-5-2　短路检测图

（2）通电后电压测试

先不要连接控制柜接线端子和风力发电机组端的端子排，合上控制柜电源，将万用表打到直流电压档，检测连接直流电源的各接线端子电压是否正常，检测各电机、传感器和各放大器对应的端子排电压是否为 24V，检测变桨系统编码器对应的端子排电压是否为 5V。

6. 风力发电机组的调试

（1）现场调试的注意事项

1）现场调试非常重要，尽管已经进行了厂内调试并已合格，但由于厂内调试条件与现场的实际情况有差异（现场调试的情况与厂内不完全一样，非常重要的差别是机组的驱动由叶片进行），故关于安全的要求必须完全遵守。

2）严格按照现场调试规程的步骤进行调试，只有每一步已经完成无误后才能进行下一步的调试工作，特别注意的是关于极端情况下机组失去控制时，人没有办法使机组安全停机的情况下，应遵守“人身安全第一”的原则紧急撤离所有人员。

3）在雷暴天气、结冰、大风等情况下不能进行机组的调试。调试人员必须熟悉机组各部件的性能，知道在危急情况下所应采取的停机措施。熟悉所有紧急停机按钮的位置及功能。

4）调试现场不能吸烟，预防火灾发生，知道在发生火灾等紧急情况下的逃生装置、通道。总之，现场调试必须由经过厂家培训合格的专业技术人员进行，严禁无权操作，严禁随意操作。调试时至少两人一组，互相监视安全状态。

（2）自动变桨的调试

自动变桨调试使用电气柜中的计算机，在人机界面中对整机系统进行调试，进入自动变桨调节界面如图 3-5-3 所示。

1）在人机界面上，长按启动按钮，机组正常开机运行。

2）在人机界面上，按下停止按钮，机组正常停机。

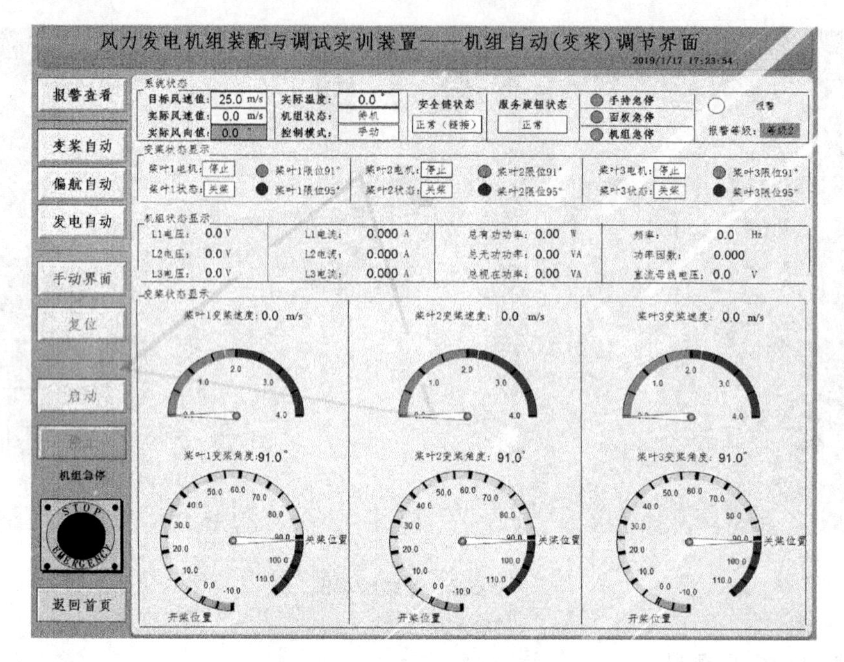

图 3-5-3　自动变桨调节界面

3）在启动状态下观察叶片随风速变化的开桨角度情况。

① 调节电气柜后面板“风速调节”旋钮，使其风速由 0m/s 慢慢增加至 2m/s，观察三叶片开桨角度值的变化，角度值应为 60°（见图 3-5-4）。

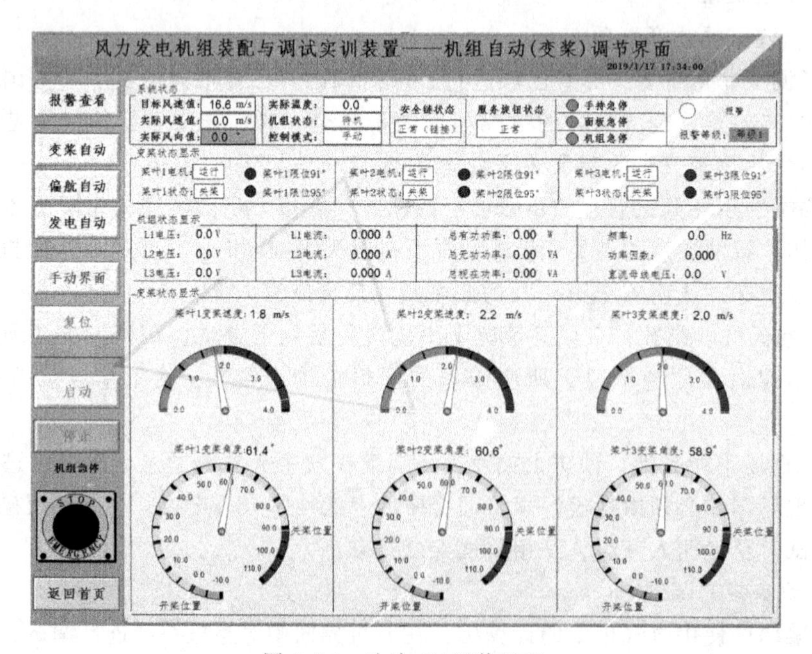

图 3-5-4　叶片 60°开桨界面

② 将风速由 2m/s 增加至 8m/s 再观察三叶片的变桨角度值，角度值应为0°（见图 3-5-5）。

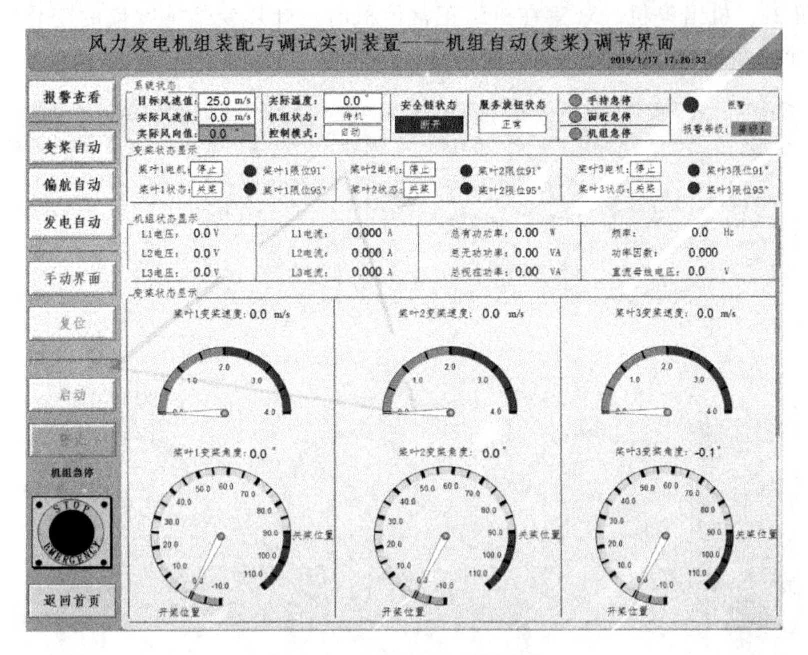

图 3-5-5 叶片 0°开桨界面

③ 再将风速由 8m/s 增加至 16m/s，再次观察三叶片变桨角度值的变化，叶片应慢慢收桨。在增加风速时，需慢慢增加，不要旋转过快，在自动变桨画面中显示系统发电量及相关参数（见图 3-5-6）。

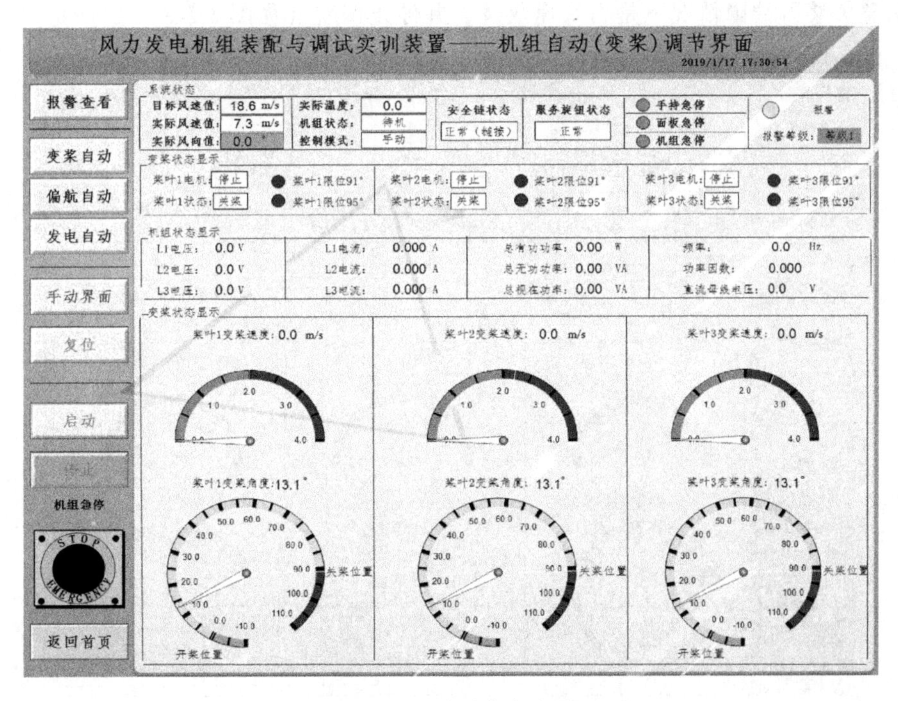

图 3-5-6 叶片开桨角度界面

④ 然后将风速由 16m/s 慢慢旋转至 0m/s，再次观察三叶片变桨角度的变化值。轻触“停止”按钮 3s，机组停机。观察在机组正常停机时三叶片变桨角度值的变化，当机组完全停下来时，叶片角度应为 91°（见图 3-5-7）。

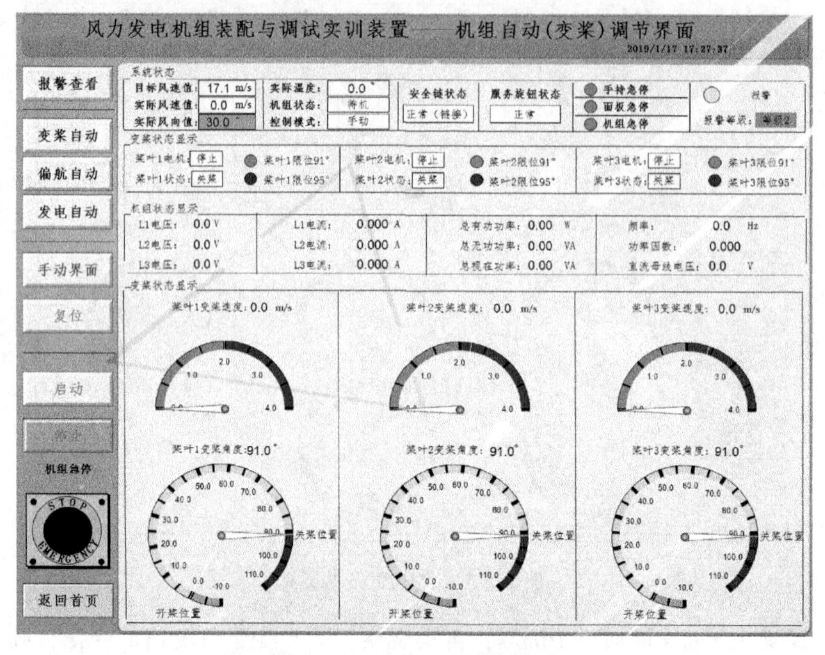

图 3-5-7　叶片 91°开桨界面

4）在启动状态下，按下急停按钮或其他故障导致报警等级大于一级，观察变桨系统是否能够紧急关桨及故障情况下是否快速收桨，并停止偏航（见图 3-5-8）。

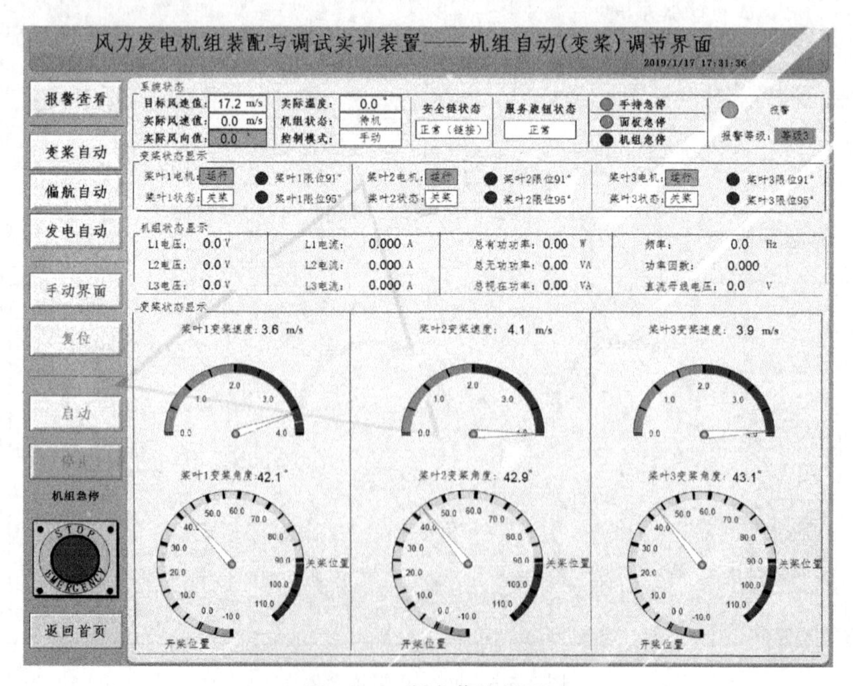

图 3-5-8　紧急停机界面

在报警设置中，选择变桨对应桨叶的堵转报警，保证变桨在运行过程中无该项报警。如果有报警提示，轻触“查看报警”后根据相关提示排除报警错误。在机组正常运行情况下，应以 2m/s 的速度正常开桨，正常停止时同样以 2m/s 的速度正常关桨。在机组正常运行中轻触画面“急停按钮”，此时观察机组三叶片的角度变化及关桨速度变化。如果出现三级以上的报警等级，叶片应以 4m/s 的速度快速收桨使叶片回到 91°。

5）在启动状态下，当扭揽限位触发报警时，机组应快速收桨，待机组全部停止后，偏航运行至 0°停止。

注意事项： 变桨调试时机组应处于制动状态，风轮安全锁应锁紧。并注意观察风速，如果风速过大，应停止调试，将各叶片转到 90°位置。解开风轮安全锁，人员撤离现场。现场不做变桨系统的长期运转试验。进行安全试验前应完成风轮系统的调试，在实验时应随时准备拉压紧急停机按钮。

（3）自动偏航的调试

在系统接线完成后，需要再次按照“偏航手动”方法将限位开关及电动机测试一次。在没有问题的情况下，进行自动偏航调试（见图 3-5-9）。

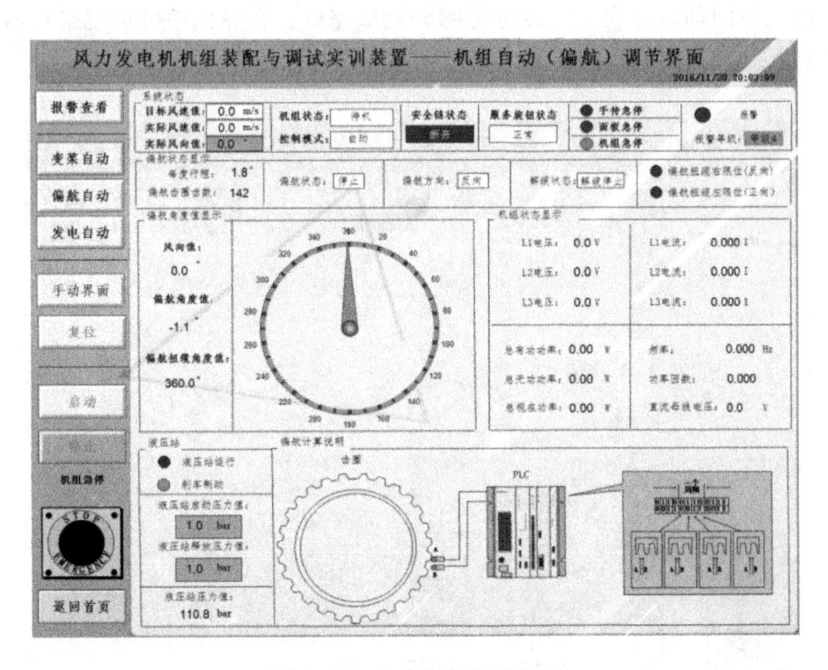

图 3-5-9　自动偏航调节界面

1）偏航自动对应正向或者反向偏航。在界面上端“实际风向值”输入区中先写入实际风向值，例如如果想机舱位置位于 0°值，在实际风向值中输入 300°，此时观察实际偏航方向是否会向最优角度偏航，此时机舱应该向反向偏航 60°，当达到 300°时停止偏航。如果想机舱位置位于 0°值，在实际风向值中输入 90°，此时观察实际偏航方向是否会向最优角度偏航，此时机舱应该向正向偏航 90°，当达到 90°时停止偏航。

2）自动解缆过程。当机舱实际位置为 0°时，在界面上端“实际风向值”输入 170°，当机舱正转到达 170°时停止偏航，重复此操作使机舱偏航至 360°，观察机组是否会触发扭揽限位，并且开始收桨停机，当完全关桨后系统开始自动偏航解缆，最终返回至 0°并且停止工作。

3）机组正常开、关机过程。当三叶片都在关桨位置并触发 91°限位开关时，才可进行自动偏航调试。在界面上端“实际风向值”输入区中先写入实际风向值，长按画面上的启动按钮 5s，机组正常起动，并偏航至输入的实际位置角度，停止偏航。在机组正常偏航的情况下长按停止按钮 3s，机组正常停机。

4）机组故障停机。当机组发生一些突然故障（例如偏航角度不计、偏航电动机堵转、变桨电动机堵转、编码器不计数等故障）时都会触发系统报警并停止当前工作。这些故障都会触发系统报警，报警等级为三级。当触发三级报警时系统应紧急停机，叶片将以 4m/s 的速度快速收桨，偏航立即停止。

（4）自动发电的调试

在自动变桨与自动偏航调试完成后，界面切换至自动发电界面，本界面属于综合界面（见图 3-5-10），可以清楚观察系统在变桨偏航及发电机组运行的状态，本界面为最后验证界面，因为在之前的调试过程中已经将每部分调试完成，在界面中可以观察当前机组的发电参数及相关参数。

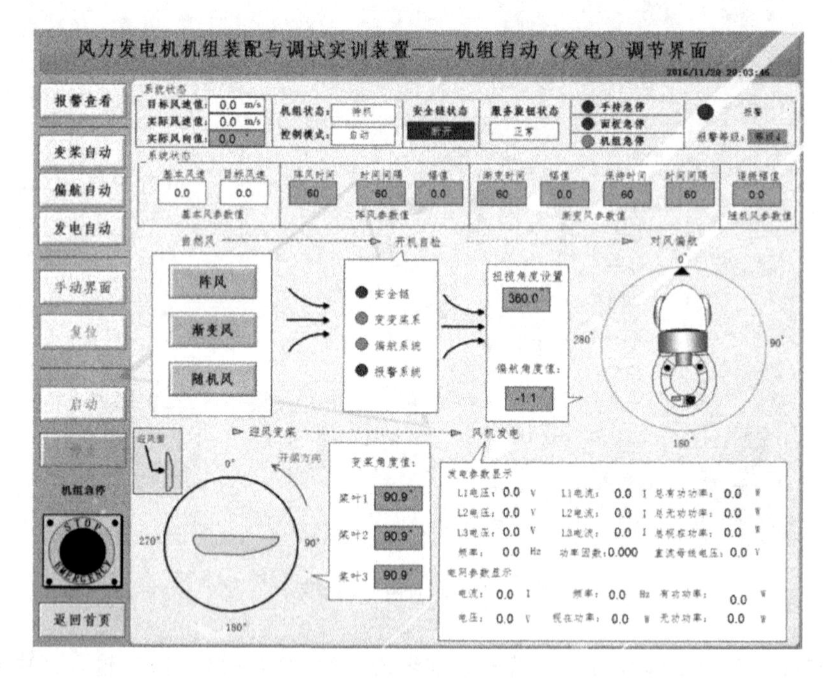

图 3-5-10　自动发电界面

五、实训评价

实训评价表见表 3-5-2。

表 3-5-2 实训评价表

评价项	评分细则(本项配分扣完为止)	配分	得分
整机的电气组装	本项配分扣完为止: 1. 变桨电动机 1、2、3 必须连接至集电环再至电气柜端子上,如果连接错误或未连接,每发现一处扣 0.5 分;如果连接不牢固,每发现一处扣 0.5 分;如果标号错误或不标号,每发现一处扣 0.5 分 2. 编码器 1、2、3 必须连接至集电环再至电气柜端子上,如果连接错误或未连接,每发现一处扣 0.5 分;如果连接不牢固,每发现一处扣 0.5 分;如果标号错误或不标号,每发现一处扣 0.5 分 3. 限位开关 1、2、3、4、5、6 必须连接至集电环再至电气柜端子上,如果连接错误或未连接,每发现一处扣 0.5 分;如果连接不牢固,每发现一处扣 0.5 分;如果标号错误或不标号,每发现一处扣 0.5 分 4. 偏航电动机 1、2 必须连接至电气柜端子上,如果连接错误或未连接,每发现一处扣 0.5 分;如果连接不牢固,每发现一处扣 0.5 分;如果标号错误或不标号,每发现一处扣 0.5 分 5. 限位开关 1、2 必须连接至电气柜端子上,如果连接错误或未连接,每发现一处扣 0.5 分;如果连接不牢固,每发现一处扣 0.5 分;如果标号错误或不标号,每发现一处扣 0.5 分 6. 旋转电动机必须连接至电气柜端子上,如果连接错误或未连接,每发现一处扣 0.5 分;如果连接不牢固,每发现一处扣 0.5 分;如果标号错误或不标号,每发现一处扣 0.5 分 7. 外部急停开关必须连接至电气柜端子上,如果连接错误或未连接,每发现一处扣 0.5 分;如果连接不牢固,每发现一处扣 0.5 分;如果标号错误或不标号,每发现一处扣 0.5 分	5	
整机的调试与运行	本项配分扣完为止: 1. 未使用人机界面中自动界面调试机组系统,扣 0.5 分 2. 未实现起动机组:自检-开桨-偏航,扣 1 分 3. 未实现停止机组:关桨-停止偏航,扣 1 分 4. 未实现紧急停机:快速收桨-停止偏航,扣 1 分 5. 未实现自动解缆:关桨-偏航解缆,扣 1 分	5	
"6S"规范	整理(SEIRI)、整顿(SEITON)、清扫(SEISO)、清洁(SEIKETSU)、素养(SHITSUKE)、安全(SECURITY)考核,每发现一处扣 1 分	倒扣分	
得分		10	

项目拓展 »

双馈风力发电机组的现场电气安装

以某公司生产的 2MW 双馈风力发电机组为例说明双馈风力发电机组的现场电气安装。

一、电气安装材料及工具清单

1. 电气安装材料清单 (见表 3-6-1)

表 3-6-1 电气安装材料清单

名 称	型 号	数 量	备 注
卡环	0.2t	25 个	根据实际单根电缆重量确定卡环型号
电缆	$1\times185mm^2$	1413m	定子、防雷及接地
	$1\times185mm^2$	542m	转子
	$1\times70mm^2$	8m	塔架等电位连接
	$4G25mm^2$	91m	机舱 400V

（续）

名称	型号	数量	备注
电缆	18G1.5mm^2	93m	安全链
	4G2.5mm^2	25m	机舱照明
	5G2.5mm^2	4m	塔架照明、插座及助力器电源
	12G1.5mm^2	13.5m	变流水冷散热
	1×25.0 GNYE	9m	变流水冷散热接地
	4G1.5mm^2	25m	变流水冷泵及加热器
	215C 3G0,75mm^2	17m	变流水冷压力开关及温度传感器
	CAN 2×2×0.25mm^2	9m	变流-塔基柜通信
	5G1.5mm^2	4.5m	变流供电及变流温控器
	7G1.5mm^2	9m	变流-塔基柜
	2×2×AWG24	8m	CC100
	变桨电动机测试线	15m	
热缩管	SCD38/12	40m	
中间连接管	131R(1×185mm^2)	66个	动力电缆中间连接处安装使用
	124R(1×25mm^2)	18个	
铜鼻子(线耳)	111R/16(185mm^2 线鼻圆孔为 M16)	18个	箱变变流柜侧进线用
	111R/12(185mm^2 线鼻圆孔为 M12)	46个	发电机动力电缆、机舱防雷及变流器接地用
	107R8(70mm^2 线鼻圆孔为 M8)	23个	塔架等电位连接及塔基柜接地
	104R8(25mm^2 线鼻圆孔为 M8)	8个	转子屏蔽线接地
	7832V	8个	
通信光缆	N 2F BALI2 110	1卷	机舱—塔底通信光缆
	N 2F HPSIM 110	1卷	机舱—塔底通信备用
	KXST-XSTCD 110	1卷	发电机编码器光缆
风速风向仪及底座		2套	
变流器铜排附件若干		1箱	
制动盘传感器		4个	
密封组件	变流柜密封组件	1套	
	塔底柜密封组件	1套	
吊索(拉网、网兜)		23个	动力电缆及机舱 400V 电缆固定
		2个	安全链电缆及机舱照明电缆
扎带	140×3.6mm BK	100个	低温型-40℃
	360×4.8mm BK	300个	低温型-40℃
	365×7.8mm BK	400个	低温型-40℃
格兰头	M20×1.5(加长)	3个	
	M25×1.5(加长)	2个	
缠绕管	10~100mm	20m	
波纹管	STT-23	30m	
波纹管固定夹	SDN23	10个	
电工胶带	黄	2卷	
	绿	2卷	
	红	2卷	
乐泰胶水	243	1瓶	
记号笔	白色	1盒	

2. 电气安装工具清单（见表 3-6-2）

表 3-6-2 电气安装工具清单

名　称	型　号	数　量	备　注
电工刀		2个	
卷尺	5m	2个	
刻刀		2个	
刀片		1盒	
热风枪		2个	
对讲机		3只	
万用表	FLUKE/179	2个	
低值电阻测试仪	GMC	1个	
绝缘电阻测试仪	FLUKE/1508	1个	
绝缘电阻测试仪	FLUKE/1550B	1个	
接地电阻测试仪，含钳形电流表	GEO	1个	
压线钳	（$0.25\sim10mm^2$）	1个	
棘轮扳手	M13/14/15/16/17/19	各2只	M19的要求4只
丝锥绞手		2只	
丝锥		2只	
呆扳手	6in/8in	各1只	
电缆剪	45m	1只	
尖嘴钳	200mm	1只	
斜口钳	200mm	1只	
手动压线钳		1套	
电动压线钳		2套	
拾取器		2只	

二、塔架电缆的安装

1. 塔架内电缆的预铺设

1）发电机定子-变流器电缆见表 3-6-3。

表 3-6-3 发电机定子-变流器电缆

起　点	终　点	电缆型号	长　度	数　量
顶段塔架底部平台	中段塔架底部平台	$1\times185mm^2$	27m	15根
中段塔架底部平台	变流器定子接线排	$1\times185mm^2$	20m	15根

2）发电机转子-变流器电缆见表 3-6-4。

表 3-6-4 发电机转子-变流器电缆

起　点	终　点	电缆型号	长　度	数　量
扭缆平台	顶段塔架底部平台	$1\times185mm^2$	23m	6根
顶段塔架底部平台	中段塔架底部平台	$1\times185mm^2$	27m	6根
中段塔架底部平台	变流器转子接线排	$1\times185mm^2$	21m	6根

3）机舱接地排-塔底防雷接地点电缆见表 3-6-5。

表 3-6-5 机舱接地排-塔底防雷接地点电缆

起　点	终　点	电缆型号	长　度	数　量
扭缆平台	顶段塔架底部平台	$1\times185mm^2$	23m	1根
顶段塔架底部平台	中段塔架底部平台	$1\times185mm^2$	27m	1根
中段塔架底部平台	塔底防雷接地点	$1\times185mm^2$	22m	1根

4）机舱 AC400V 电源电缆见表 3-6-6。

表 3-6-6　机舱 AC400V 电源电缆

起　　点	终　　点	电缆型号	长　　度	数　　量
NC300:Q1.1	IPS100:F1.5	$4G25mm^2$	91m	1 根

5）安全链电缆见表 3-6-7。

表 3-6-7　安全链电缆

起　　点	终　　点	电缆型号	长　　度	数　　量
NC300	TB100	$18G1.5mm^2$	93m	1 根

6）通信光纤光缆见表 3-6-8。

表 3-6-8　通信光纤光缆

起　　点	终　　点	电缆型号	长　　度	数　　量
NC310:K53.0	TB100:K12.1	N 2F BALI2 110	100m	1 根
NC310:K53.0	TB100:K12.1	N 2F HPSIM 110(备用)	100m	1 根
NC310:B26.1	CC100:B13.1	KXST-XSTCD 110	100m	1 根

7）机舱照明电源光缆见表 3-6-9。

表 3-6-9　机舱照明电源光缆

起　　点	终　　点	电缆型号	长　　度	数　　量
端子箱 TB301	扭缆平台	4G2.5	25m	1 根

2. 电缆敷设

1）电缆敷设应分节逐一完成。

2）电缆敷设之前把塔架内所有电缆夹松开以便于放置电缆。把裁剪好的电缆 3 根一组，逐一放入电缆夹内，将电缆夹上螺钉拧紧，每节塔顶部的 3 个夹子必须压实、压牢，以防吊装时滑动脱落。将电缆固定在塔架内电缆夹上，具体安装方式如图 3-6-1 所示。

3）安全链电缆（型号为 $18G1.5mm^2$）和机舱 AC400V 电源电缆（型号为 $4G25mm^2$）只在顶段塔架内敷设安装。将 $18G1.5mm^2$ 和 $4G25mm^2$ 两种电缆依此穿过塔架内壁电缆夹板对应安装孔，并在电缆一端分别留出 12m 和 10m 长度电缆盘放在第三节塔架顶部平台上，然后将电缆拉直、固定。电缆固定完成后，将电缆的另一端整齐盘成一盘并用钢丝固定在旁边的塔架爬梯上。在风力发电机吊装完成后，再进行 $18G1.5mm^2$ 和 $4G25mm^2$ 电缆的整体安装。

4）电缆应该按外径由大到小，先电源电缆后信号电缆的顺序放线。

5）塔架内照明电路及供电回路必须在吊装前安装完成，如图 3-6-2 所示。

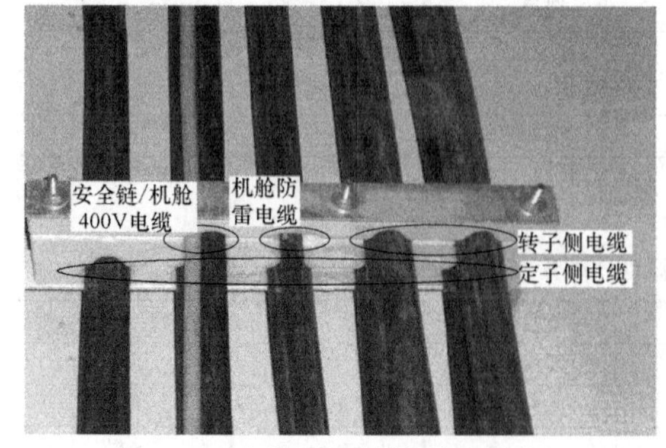

图 3-6-1　电缆固定在塔架内电缆夹上

图 3-6-2　塔架内照明电路及供电回路

3. 箱变（箱式变压器）电缆的铺设

在风力发电机组吊装前要完成箱变电缆敷设，电缆敷设长度和型号见表 3-6-10。在电缆敷设完成后要进行电缆的绝缘测试和端头压接。

表 3-6-10 箱变电缆

起点	终点	电缆型号	长度	数量
箱变 T1.1	变流器网侧 690V 进线处	1×185mm²	24m	18 根
箱变 T1.1	IPS100:F1.1	5G35mm²	24m	1 根
箱变 T1.1	塔基柜	18G0.75mm²	24m	1 根

三、机舱的电气安装

由于运输原因，机舱罩顶部水冷散热器、风向仪支架、机舱上罩、齿轮箱油冷风扇液压站等装置必须拆掉单独运输。在风力发电机组运输现场准备吊装前应第一时间完成安装。

1. 机舱外部的电气安装（见图 3-6-3）

（1）风速仪安装

用 M4 内六角圆柱头螺钉将风速仪固定在风速仪连接件上，然后将风速仪连接件套在风速仪保护架上，并用两个 M6 内六角圆柱头螺钉紧固。风速仪电缆沿风速仪保护架走线至水冷系统顶部对应格兰头（M-XL20x1，5）缠绕管缠绕，并用绑扎带固定。

图 3-6-3 机舱外部电气安装

（2）航空障碍灯安装

用 3 个 M12 不锈钢螺钉将航空障碍灯固定在航空障碍灯安装板上，航空障碍灯电缆用缠绕管缠绕保护，并用绑扎带固定。电缆走线同风速仪，并用格兰头（M-XL20x1，5）固定至机舱内。

（3）防雷系统安装

用 M8 不锈钢螺钉将风速仪支架各折叠连接处的两端防雷电缆固定连接。具体连接方式如图 3-6-3 所示。另外，风速仪支架防雷电缆用格兰头（M-XL32x1，5）固定至机舱内部接地母排上。

2. 机舱内部电气安装

机舱罩顶部电气安装完成后，要进行机舱内部电气安装，主要包括端子箱 TB300 和 TB301、液压站、齿轮箱冷却风扇等部件的电气安装。

（1）发电机电气安装

在风力发电机吊装前应检查发电机水冷系统内防冻液压力，当压力不足时，应补加防冻液。另外，将 3 根通信光缆整齐盘放在发电机后端底部平面上，风力发电机吊装完成后进行敷设。

（2）端子箱和液压站电气安装

由于运输需要，端子箱、液压站和齿轮箱油冷风扇需要拆卸后放入机舱内部进行运输。在风力发电机组运输到现场后，应将这些部件按照工艺要求重新进行安装，并按照原理图进行电气接线。

（3）风速仪、航空障碍灯及机舱照明电气安装

风速仪、航空障碍灯电缆在机舱内部应接入端子箱对应端子排上，每根电缆穿一根STT-17 波纹管进行保护。风速仪接入相应端子，航空障碍灯接入端子排对应端子。机舱照明灯在现场需要重新安装固定，照明灯接入端子排 X40. 2 对应端子。

（4）防雷系统电气安装（见图 3-6-4）

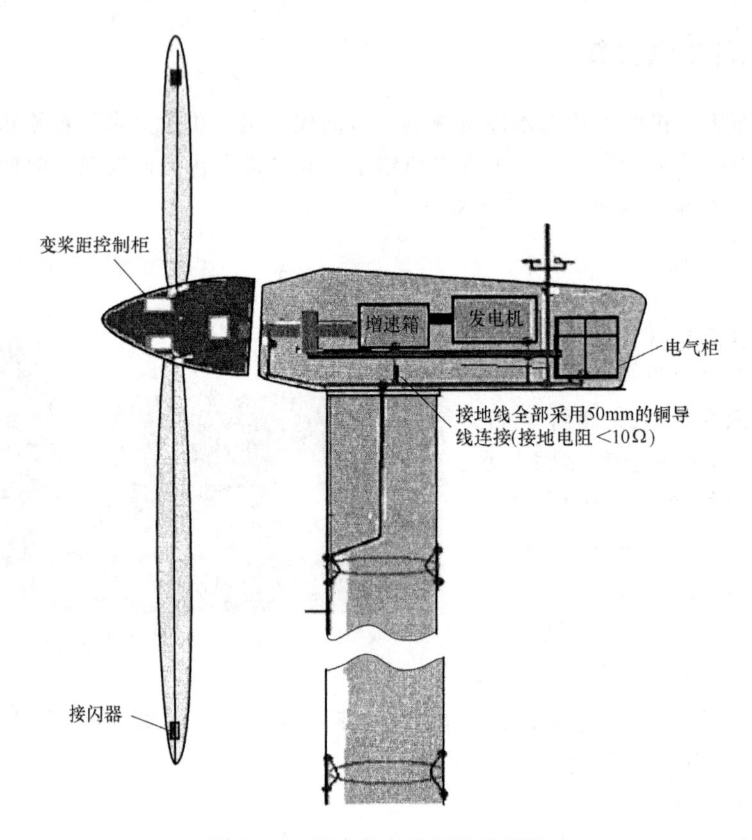

图 3-6-4　风力发电机组防雷系统

风力发电机组运输到现场后，在机舱罩安装完成后，要进行防雷系统接线。机舱上、下罩连接处防雷电缆用 M8 不锈钢螺钉固定连接。同时水冷散热器防雷电缆和风速仪支架防雷电缆也用不锈钢螺栓与其下方防雷电缆连接。

四、轮毂内电气安装

1. OVP 柜电气安装

发电机吊装时，OVP 柜固定在轮毂内同轮毂一起吊装。在轮毂与机舱的机械固定连接完成且 OVP 柜已经固定到齿轮箱主轴上后要进行 OVP 柜的电气安装。将 OVP 柜所有 harting 插头与集电环电缆插头及柜子 HC410、端子箱 TB400 和 TB410（润滑系统）电缆插

头对接、固定。所有电缆用抗低温扎带固定，固定间距为300mm。

2. 限位开关固定夹安装

吊装前由于施工需要，需要将限位开关的三个电缆固定夹拆除，轮毂吊装完成后要将其重新安装（见图3-6-5）。

图3-6-5 限位开关固定夹安装

3. 叶片防雷电缆安装

在轮毂吊装完成后，要进行叶片防雷电缆安装。在变桨轴承的内齿圈上有防雷电缆安装对应螺纹孔。用M8不锈钢螺钉将防雷电缆线鼻子固定在螺纹孔上，并旋紧。注意：防雷电缆连接时不允许弯曲，如果电缆过长，应将多余部分剪掉重新压接。

五、电缆的安装与整形

1. 机舱AC400V电缆

将第三节塔架顶部平台上的机舱AC400V电缆（4G25mm^2）理顺后穿过一根型号为MW40/1/E电缆网套沿发电机动力电缆在机舱内走线轨迹用绑扎带固定至机舱柜NC300：Q1.1处，并完成接线。

2. 机舱内照明电源及安全链电缆

将第三节塔架顶部平台上的安全链电缆（18G1.5mm^2）和机舱照明电缆理顺后各穿一根型号MW25/1/E吊网，经STT-36波纹管固定至机舱内相应位置并留好接线长度。其中，机舱照明电缆接到端子箱TB301，安全链电缆接到机舱柜NC310。

3. 电缆下放及固定（见表3-6-11）

将机舱踏板平台上的动力电缆和机舱防雷电缆理顺逐根穿过电缆网套缓慢下放至马鞍桥上。下放电缆时不允许打结、缠绕。电缆用电缆网套固定、拉紧，并把电缆网套用卡环固定在解缆环下方卡环孔上（见图3-6-6）。注意：网套处电缆要留有余量，固定吊索时要考虑电缆的排放顺序。

表3-6-11 固定电缆型号

电缆名称	固定电缆吊网型号	数　量
发电机定子	MW40/1/E	15根
发电机转子	MW40/1/E	6根
机舱防雷接地	MW40/1/E	1根
机舱AC400V电源	MW40/1/E	1根
安全链	MW25/1/E	1根
机舱照明	MW25/1/E	1根

4. 光纤光缆固定

3根通信光缆穿过一根STT-23波纹管沿动力电缆固定夹走向固定至机舱柜内。在吊网处用缠绕管将3根光纤光缆固定一起，起到保护作用。

图 3-6-6　电缆下放及固定

5. $4G25mm^2$ 电缆和 $18G1.5mm^2$ 电缆固定

将顶段塔架底部爬梯上电缆松开，放置在顶段塔架底部平台上。将中段塔架和底段塔架的电缆夹外层夹子逐个打开，将 $4G25mm^2$ 电缆和 $18G1.5mm^2$ 电缆依次固定在相应位置后将夹子拧紧。

6. 电缆整形

每节塔架上端三个电缆夹拧紧，其他电缆夹从上至下逐个松开，将电缆从上至下拉直、拉紧，后把全部电缆夹拧紧。每隔 1m 用绑扎带将三根一组的电缆捆绑一次。

7. 垂直电缆

塔架内的电缆直线部分，必须做到垂直，如图 3-6-7 所示。

8. 马鞍桥部分

马鞍桥表面必须有橡胶包裹，动力电缆不能直接和马鞍桥金属面接触，以防磨损电缆。动力电缆通过马鞍桥时必须有合适的弧垂，扭缆电缆的弯弧底部距扶梯平面的距离为 200mm，如图 3-6-8 所示。

9. 变流器入口电缆固定

发电机至变流器电缆沿塔架内壁垂直下来后经过电缆桥架敷设至变流柜上端。注意，电缆在桥架内要求布线平整、均匀，并用绑扎带固定在桥架横梁上。固定方式如图 3-6-9 所示。

10. 光纤光缆固定

将光纤光缆用绑扎带固定在塔架壁的电缆固定支撑架上。其中，两根红色光纤光缆扎在一起，另一根

图 3-6-7　垂直电缆

黑色光纤光缆单独固定（见图 3-6-9）。

图 3-6-8　马鞍桥部分

图 3-6-9　电缆及光纤光缆固定

六、动力电缆中接头的制作

1）动力电缆中接头的制作顺序是从顶段塔架开始、由上而下制作的。

2）电缆中接头的制作可分为定子电缆接头制作和转子电缆接头制作。

3）使用魏德米勒 45mm 剪线钳将上下两节电缆在电缆夹中心位置处的线头剪掉，每节电缆留 10mm 余量。注意：剪开面必须是平面，而不能是斜面。

4）将电缆一端套入型号为 SCD38/12 热缩管内（热缩管长度 = 3×中间连接管长度），转子电缆需增加一根 SCD38/12 热缩管（热缩管长度 = 5×中间连接管长度）。

5）使用 AM25 魏德米勒剥线钳将转子电缆头外层屏蔽层剥出 3/2 中间接头管长度，并将屏蔽层理成单芯电缆。

6）使用 AM25 魏德米勒剥线钳将电缆头剥去 1/2 中间接头管长度的绝缘，电缆丝不能散开，将剥出的电缆插入型号为 131R 中间接头管线管内，以铜线接触到线管内突起为止，并且从窥孔处完全看到铜线为准。

7）使用 KLAUKE 电动压线钳将电缆与中间接头进行压接，中间接头每端压接最少 3 道，压接痕迹要均匀分布（见图 3-6-10）。

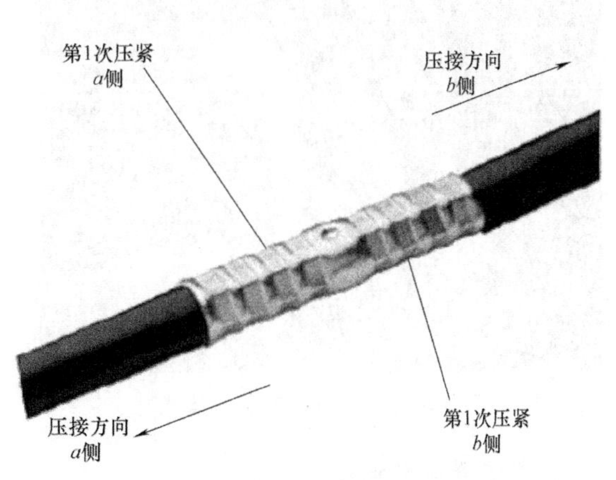

图 3-6-10　电缆与中间接头进行压接

8）中间接头压接完后在压痕处会出现铜毛刺，毛刺用锉刀磨掉，要求手感平滑。

9）做热缩绝缘处理，吹热缩管时，要受热均匀，不能长时间集中加热，以免损坏热缩管，影响绝缘。热缩完后要保证热缩管在同一水平线上，保证美观。

10）转子电缆屏蔽层用型号为 124R 中间接头管压接，步骤同 5）~7），压接后用第二层热缩管热缩（见图 3-6-11）。

图 3-6-11　热缩管在同一水平线上

七、动力电缆接线

动力电缆接线分为发电机侧电缆接线和变流器侧电缆接线。

1. 发电机侧电缆接线

（1）发电机定子侧接线

将发电机定子接线盒内电缆按照电缆编号依次接线（见图 3-6-12）。其中，U1～U5 接 U 相，V1～V5 接 V 相，W1～W5 接 W 相。

（2）发电机转子侧接线

将发电机转子接线盒内电缆按照电缆编号依次接线（见图 3-6-13）。其中，K1～K2 接 K 相，L1～L2 接 L 相，M1～M2 接 M 相。同时，发电机转子侧电缆屏蔽层连接头要用 M8 螺栓固定在接线盒内接地点上。

图 3-6-12　发电机定子侧接线

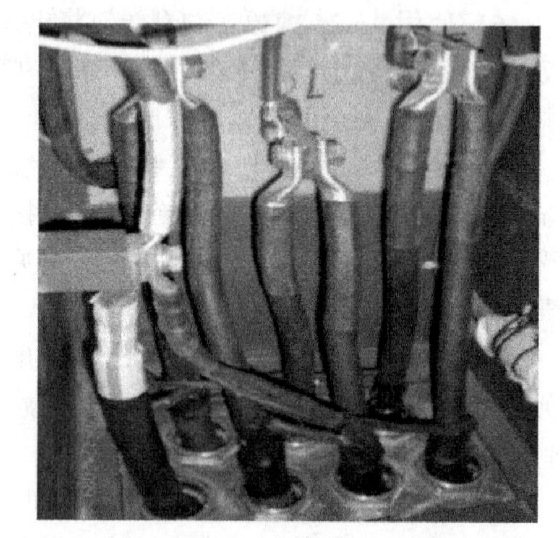

图 3-6-13　发电机转子侧接线

2. 变流器侧电缆接线

（1）定子侧接线

将变流器内定子侧电缆按编号顺序进行排列。其中，U1～U5 为 U 相，V1～V5 为 V 相，W1～W5 为 W 相。用型号 111R/12 线鼻子做比较在电缆接头处进行标识，使用魏德米勒

45mm 剪线钳将电缆头多余部分剪掉。使用 AM25 魏德米勒剥线钳将电缆头剥去线鼻子线管深度的绝缘，并套入型号 ϕ30-15 黑色热缩管（热缩管长度 = 2×线鼻子长度）。将剥出的电缆插入线鼻子的线管内，使用 KLAUKE 电动压线钳进行压接，每根电缆端头必须压 3 道。注意：变流器定子侧母排的 L1、L2、L3 分别接发电机的 U 相、W 相、V 相。

（2）转子侧接线（见图 3-6-14）

变流器转子侧接线大体上同定子侧接线相同。不同之处在于变流器转子侧电缆屏蔽层要进行接地连接。接线时在确定电缆接头长度后将电缆外侧屏蔽层剥出 400mm 长度，并理成单芯电缆，并用 ϕ16-8 热缩管单独热缩。将 K1、L1、M1 和 K2、L2、M2 电缆屏蔽层各用一个 104R8 线鼻子压接后用 M8 螺栓分别固定在变流器顶端的接地母排上。注意：变流器转子侧母排的 L1、L2、L3 分别接发电机的 L 相、K 相、M 相。

（3）电网侧接线（见图 3-6-15）

变流器电网侧共接 18 根型号 Windflex Global 1×185mm^{2}的电缆，接线方式与定子侧相同。其至箱变侧引出电缆用 18 个 ROXTEC 品牌的 RM40 模块固定。

图 3-6-14　变流柜转子侧接线

图 3-6-15　电网侧接线

八、塔底的电气安装

塔底的电气安装主要包括水冷系统、变流柜、塔基柜的接线（布局见图 3-6-16）。

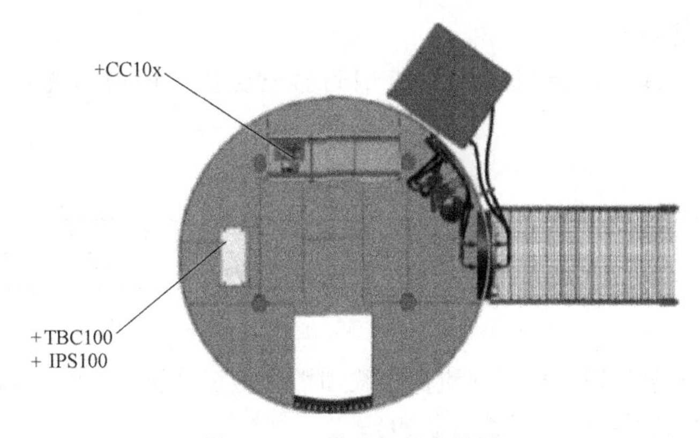

图 3-6-16　塔基部件布局图

1. 变流器水冷系统安装

1）变流器水冷泵的安装：将水冷泵固定在塔基门左侧的支架上。

2）冷却风扇及支架的安装。

3）水冷管路的连接。

4）冷却液的加注。

2. 变流器水冷系统电气安装

变流器水冷系统电气安装包括塔架外冷却器风扇电气接线、塔架内水冷泵及加热器接线、水冷压力开关接线和出水口温度传感器接线。

（1）冷却器的电气安装

冷却器的电气安装包括散热风扇电气接线和冷却器外壳接地线接线，见表 3-6-12。

表 3-6-12 冷却器的接线电缆

起　点	终　点	电缆型号	长　度	数　量	固定方式
散热风扇电动机及加热器	塔基柜 TB100:X2.0	12G1.5mm^2	13.5m	1 根	1 根 STT-36 波纹管及 4 个 SDN36 管夹
冷却器外壳接地点	塔底接地网	H07V-K 25 GNYE	9m	1 根	

（2）水冷泵及加热器、水冷压力开关、出水口温度传感器接线（见图 3-6-17）

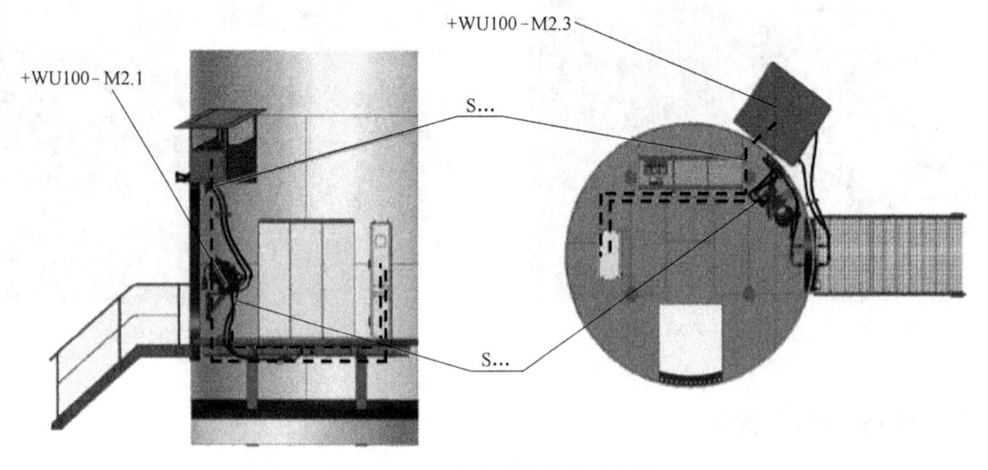

图 3-6-17 水冷系统走线示意图

3. 机舱至变流器接线

机舱至变流器接线主要是机舱发电机编码器至变流柜的通信光纤光缆，电缆具体见表3-6-13。

表 3-6-13 通信光纤光缆

起　点	终　点	电缆型号	长　度	数　量	备　注
NC310:B26.1	CC100:B13.1	KXST-XSTCD 110m	100m	1 根	发电机编码器信号线

4. 塔基柜接线

塔基柜接线主要包括塔基柜至变流器接线和塔基柜至机舱柜接线，如图 3-6-18 所示。

1）塔基柜至变流器接线（见图 3-6-19）。

2）塔基柜至机舱柜接线（见图 3-6-20）。

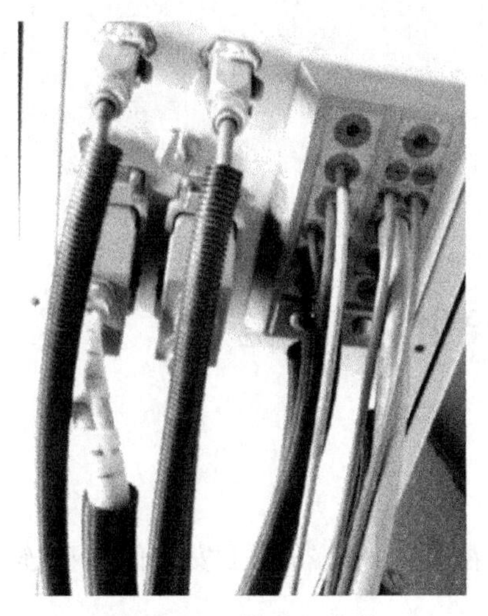

图 3-6-18　塔基柜接线

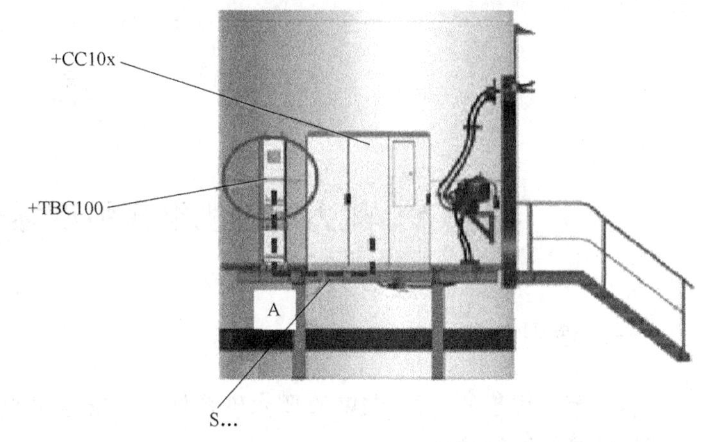

图 3-6-19　塔基柜至变流器接线

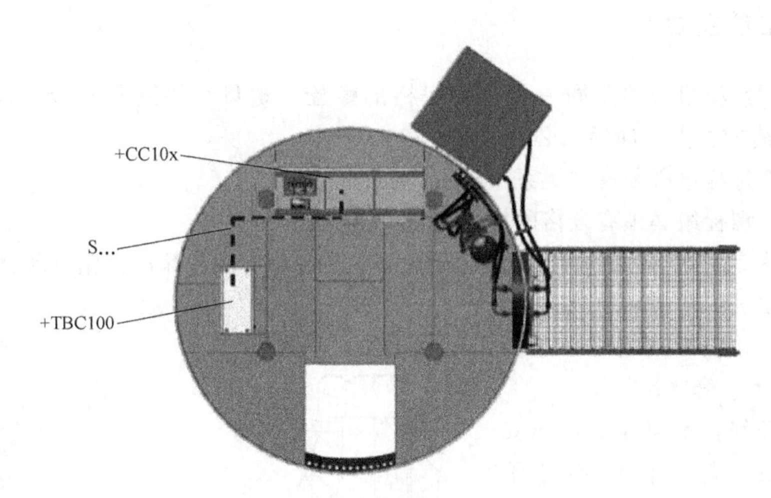

图 3-6-20　塔基柜至机舱柜接线

3）塔架照明回路、助力器、箱变至塔基柜接线。

项目总结

1. 请总结直驱风力发电机组试运行前应该具备什么样的条件。

2. 请总结直驱风力发电机组现场调试的主要项目有哪些。

3. 请总结直驱风力发电机组试运行时需要记录哪些数据。

4. 请总结风力发电机组验收的主要内容。风力发电机组制造企业需提供哪些验收资料？

5. 按小组分工撰写直驱风力发电机组现场调试流程及注意事项（报告书或 PPT）。每一小组选派一人进行汇报。

6. 自我评述项目实训实施过程中发生的问题及完成情况，小组共同给出提升方案和效率的建议。

附　　录

附录 A　风力发电机组高强度螺栓组施工规范

一、适用范围

本规范适用于某公司 2MW 直驱永磁系列风力发电机组在风电场进行施工安装的主要连接部位的高强度螺栓组。

二、施工前须知

1）高强度螺栓组必须是同一批号、规格的螺栓、螺母、垫圈和衬套，螺纹不得有损伤，螺栓不得沾染泥土、油污，必须清理干净。

2）高强度螺栓组必须有力矩系数报告。

3）高强度螺栓组必须有合格的第三方检测报告。

4）表面达克罗处理的高强度螺栓组拧紧前需要在相应部位涂润滑脂（见图 A-1），润滑脂型号为 MOLYKOTE 1000 PASTE。

5）根据高强度螺栓组规格选择相应的施工扳手、套筒。

6）施工环境：不得在下雨天安装高强度螺栓，施工温度不低于 -20℃。

7）校验用力矩扳手精度为 ±3%。

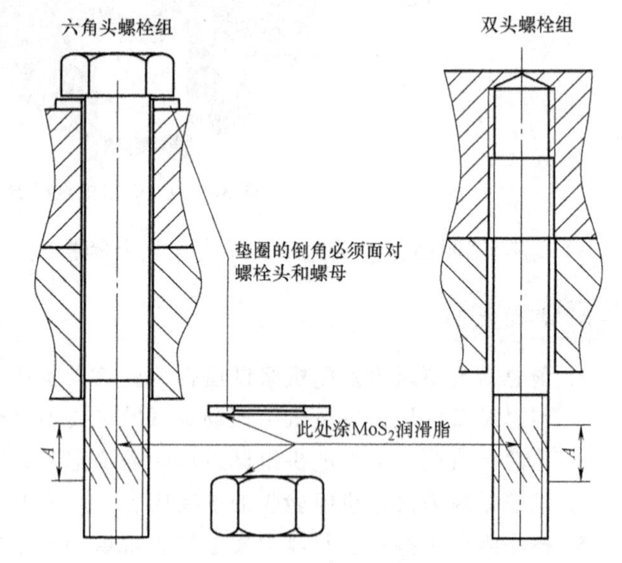

图 A-1　高强度螺栓组润滑部位

三、施工工艺

1. 工艺流程

作业准备→安装高强紧固件→高强螺栓紧固→检查验收

2. 作业准备

（1）材料

高强度螺栓组、润滑脂、毛刷、记号笔、塞尺、冷喷锌。

（2）施工用具

四方驱动头液压扳手组套（压力 0~800bar，含电动泵、高压软管、接头）、中空液压扳手组套（压力0~800bar，含电动泵、高压软管、接头）、塞尺（0.01~1mm）、锤子（0.3~0.5kg）、毛刷、记号笔、量角器、电动扳手、套筒、线盘。

3. 高强度螺栓组安装

1）高强度螺栓应自由穿入孔内，严禁用锤子将高强度螺栓强行打入孔内。注：对于双头螺柱，一般短螺纹端为旋入端（具体以图样规定为准）。

2）高强度螺栓的穿入方向应该一致，局部受结构阻碍时可以除外。

3）高强度螺栓垫圈位置应该一致，安装时应注意垫圈正、反面方向。

4）高强度螺栓在安装孔内不得受剪，应及时拧紧。

5）高强度螺栓组施加拧紧力矩步骤：

① 先用电动扳手以500N·m力矩将高强度螺栓组拧紧。

② 再用液压扳手对高强度螺栓组拧紧，拧紧一般分三步进行：第一步，按施工力矩要求值的50%施加拧紧力矩；第二步，按施工力矩要求值的75%施加拧紧力矩；第三步，按施工力矩要求值的100%进行终拧。

③ 螺栓组的拧紧可按图A-2所示力矩“十字对称”法顺序施工，一次可连续紧固5组螺栓组。

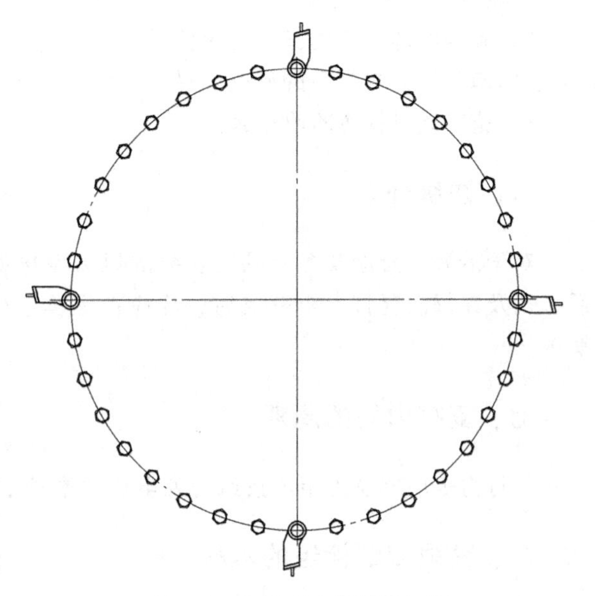

图A-2　力矩“十字对称”法

6）高强度螺栓组终拧结束后用记号笔在螺杆端面画“×”加以标记。

7）为了防止高强度螺栓组受外部环境的影响，使扭矩系数发生变化，故拧紧过程一般应在同一天内完成。

四、高强度螺栓组检查验收

1. 高强度螺栓组外观质量检查

螺栓穿入方向一致，外露长度不应少于2个标准牙距，露长均匀。

2. 扭矩检查

检查应在螺栓终拧1h以后，24h之内完成。可按实际情况选用以下方法之一进行力矩值检查。

（1）方法1：力矩法

先在螺栓端面和螺母上画一直线，然后将螺母拧松约60°，再用力矩扳手重新拧紧，使两线重合，测得此时的扭矩应在0.9~1.1T_C（T_C代表施工力矩）可为合格。

（2）方法2：转角法

1）在螺尾端部和螺母的相对位置画线，然后全部卸松螺母，按规定的初拧力矩和终拧角度重新拧紧螺栓，观察与原线是否重合。

2）终拧转角偏差在10°±5°以内为合格。

（3）方法3：小锤法

手指按住螺母的一个边，用0.3~0.5kg小锤敲击螺母相对应的一边，如手指感到轻微颤动即为合格，颤动较大即为欠拧或漏拧，完全不颤动即为超拧。

3. 间隙检测

用塞尺检查螺母与被连接面之间间隙，当间隙超过0.5mm时，必须重新处理。

五、质量记录

应填写以下质量记录：

1）高强度螺栓组的施工力矩值。

2）施工用力矩扳手的检查记录。

3）施工质量检查验收记录。

六、防腐处理

对于沿海、滩涂及海上风场安装的风力发电机组，高强度螺栓组施工及扭矩检查完成后，以及在每次复打力矩完成后，均应在螺栓组外表面喷涂冷喷锌剂或指定的油漆，防止锈蚀。

七、复打力矩的周期

复打力矩周期及力矩值按风力发电机组维护手册中规定执行。

八、高强度螺栓组的拆松

1）高强度螺栓组的拆松与螺栓组拧紧类似，也按“十字对称”法。

2）拆松力矩的要求：

① 当拆松时间与紧固时间在同一天内时，拆松力矩值等同拧紧力矩值。

② 当拆松时间与紧固时间超过24h后，拆松力矩值为拧紧力矩的1.2~1.3倍。

附录B　某公司2MW直驱风力发电机组安装工具清单

序　号	名　　称	规格/代号	数　量	备　注
1	安全拉绳	φ12mm×100m	2	
2	安全拉绳	φ14mm×150m	4	
3	压制钢丝绳索具	φ14mm×4m	2	
4	压制钢丝绳索具	φ14mm×8m	2	
5	聚酯双眼圆吊带	40t×6m	2	
6	聚酯双眼圆吊带	5t×1m	2	
7	聚酯双眼宽吊带	10t×10m	2	
8	聚酯双眼圆吊带	10t×6m	3	
9	聚酯双眼宽吊带	30t×17m	2	

（续）

序　号	名　　称	规格/代号	数　量	备　注
10	聚酯双眼圆吊带	5t×4m	2	
11	聚酯环形圆吊带	25t×4m	2	
12	特制 D 形无母卸扣	15t	3	
13	弓形无母卸扣	S6 BW 1	4	
14	弓形无母卸扣	S6 BW 2	4	
15	弓形无母卸扣	S6 BW 3.2	4	
16	弓形无母卸扣	S6 BW 5	4	
17	ϕ37 塔架安装导销	07.4.2.003	3	77.5m 塔架用
18	ϕ43.5 塔架安装导销	07.4.2.016	3	100m 塔架用
19	ϕ46.5 塔架安装导销	07.4.2.025	3	
20	ϕ49.5 塔架安装导销	07.4.1.029	3	
21	叶轮装配架	07.4.2.015	1	
22	手动环链葫芦（手拉葫芦）	1.6t	1	
23	特制 D 形无母卸扣	25t	2	
24	加长型内六角扳手（英制）	1.5×75	1	维护留用
25	相序表	40～700V 15～400Hz	1	维护留用
26	手持风速计	测风范围为 0～60m/s	1	维护留用
27	两用扳手	50mm	2	77.5m 塔架维护留用
28	两用扳手	65mm	2	100m 塔架维护留用
29	呆扳手	70mm	2	100m 塔架维护留用
30	呆扳手	75mm	2	维护留用
31	手动注胶枪	400mL	2	维护留用
32	对讲机	TC610/TK3201	5	维护留用 2 部
33	手动变桨装置	07.4.2.030	2	回收
34	叶片护套	07.4.2.024	2	
35	电动扳手	1″最大 600N·m	2	维护留用
36	安全帽	GB2811-2007	10	维护留用
37	双挂点全身式安全带	EN361	5	维护留用
38	防坠块	与助爬装置配套	5	维护留用
39	缓冲连接绳	ϕ12mm×1m	2	维护留用
40	数字式万用表	$U=1000V$　$I_{max}=10A$	1	
41	热风枪	1000W/220V	1	
42	交直两用回路钳表	检测电流 0～1000A	1	
43	绝缘电阻表	1000V/0～1000MΩ	1	
44	感应式试电笔	检测电压 12～250V（AC）	4	
45	剥线钳	1.0～3.2mm^2	1	
46	剥线钳	0.5～6.0mm^2	1	
47	剥线钳	8～28mm^2	1	
48	剥线钳	50～240mm^2	1	
49	一字端头电缆压线钳	0.25～6mm^2	1	
50	一字端头电缆压线钳	6～16mm^2	1	
51	一字端头电缆压线钳	10～35mm^2	1	
52	M 端字电缆压线钳	0.5～6mm^2	1	
53	M 端字电缆压线钳	16～300mm^2	1	
54	线盘	400V 30m	1	回收
55	线盘	220V 30m	1	
56	塞尺	200mm×14 片	1	维护留用
57	直角尺	300mm	1	
58	尖嘴式电烙铁	35W	1	

（续）

序 号	名 称	规格/代号	数 量	备 注
59	剪线钳	<500mm^{2}	1	维护留用
60	卷尺	30m	1	
61	角磨机	125mm 600W	1	
62	1″方驱液压扳手	500～5000N·m	2	
63	1-1/2″方驱液压扳手	1000～8000N·m	2	
64	电动泵单元	0～700bar	2	维护留用
65	高压油管	6m 700bar	4	维护留用
66	1″专用内六方套筒	50mm	2	
67	1″专用内六方套筒	65mm	2	
68	1″专用内六方套筒	70mm	2	
69	1″专用内六方套筒	75mm	2	
70	1-1/2″专用内六方套筒	75mm	2	
71	加长丝攻	M33	1	回收
72	板牙绞杠	M30、M33	各1	
73	发电机吊具		1套	电励磁发电机吊具机械部分
	主吊梁	80t	1	
	平衡梁		1	
	存放架		2	
	特制连接件		4	
	弓形带母卸扣	12t	2	
	聚酯环形圆吊带	60t 3.4m	2	
	无接头绳圈	ϕ72mm×2m	2	
	压制钢丝绳索具	ϕ36mm×3.17m	2	
	连接螺栓组	M36×260(含螺母及垫圈)	2	
74	水平角度尺	0°～130°	1	回收
75	链条葫芦	5t(4m链条)	2	
76	旋转吊环	M33(螺纹 $L=130$)	1	
77	5t旋转吊环	M30(螺纹 $L=130$)	2	
78	吊环隔套($L=80$)	02.8.217.002	2	
79	单作用拉式油缸	50t	2	
	单向阀	V66	1	发电机吊具液压部分
	手动泵	P462	1	
	高压油管	HC7220 6m	2	
	快速接头	CR400	2	
	快速接头	C604	2	
	快速接头	CH604	2	
	压力表	G2535LM/GA3	1	
	专用液压油	HF102	20L	
80	塔架吊具		1套	XE93-2000(100m)塔架吊具
	上吊耳	20t	4	
	下吊耳	20t	2	
	弓形带母卸扣	2-1/2″(55t)	2	
	弓形带母卸扣	2″(35t)	6	
	聚酯双眼圆吊带	50t×3.5m	2	
	聚酯双眼圆吊带	35t×7m	2	
	开式滑车	50t	2	
	压制钢丝绳索具	ϕ60mm×13m	2	
	高强度六角头螺栓	M33×240 10.9S	8	
	六角螺母	M33	8	

（续）

序 号	名 称	规格/代号	数 量	备 注
80	垫圈	33	16	XE93-2000(100m)塔架吊具
	高强度六角头螺栓	M42×320 10.9S	12	
	六角螺母	M42	12	
	垫圈	42	24	
	高强度六角头螺栓	M45×310 10.9S	8	
	六角螺母	M45	8	
	垫圈	45	16	
	高强度六角头螺栓	M48×320 10.9S	4	
	六角螺母	M48	4	
	垫圈	48	8	
	螺栓衬套	M33	8	
	螺栓衬套	M42	12	
	螺栓衬套	M45	4	
81	水冷加液泵		1	维护留用
82	机舱吊具	25t	1 套	
	聚酯环形圆吊带	25t×1.3m	2	
	聚酯环形圆吊带	17t×1.8m	2	
	弓形带母卸扣	25t	2	
	弓形带母卸扣	17t	2	
	机舱吊梁	25t	1	
83	XE93D 发电机支座	07.4.1.110	1 套	回收
84	呆扳手	17mm	2	回收
85	呆扳手	19mm	2	
86	呆扳手	24mm	2	
87	呆扳手	30mm	2	

参 考 文 献

[1] 叶云洋，陈文明. 风力发电机组的安装与调试［M］. 北京：化学工业出版社，2014.

[2] 方占萍. 风力发电机组安装与调试［M］. 北京：中国水利水电出版社，2015.

[3] 卢为平. 风力发电基础［M］. 北京：化学工业出版社，2011.

[4] 姚兴佳，宋俊. 风力发电原理与应用［M］. 北京：机械工业出版社，2011.

[5] 任清晨. 风力发电机组（生产及加工工艺）［M］. 北京：机械工业出版社，2010.

[6] 《风力发电工程施工与验收》编委会. 风力发电工程施工与验收［M］. 北京：中国水利水电出版社. 2009.

[7] 王海云，王维庆，朱新湘，等. 风力发电基础［M］. 重庆：重庆大学出版社，2010.

[8] 何显富，卢霞，杨跃进，等. 风力机设计、制造与运行［M］. 北京：化学工业出版社，2009.

[9] 宫靖远. 风电场工程技术手册［M］. 北京：机械工业出版社，2004.